觀葉植物圖鑑

500 種風格綠植栽培指南

Foliage Plants

觀葉植物圖鑑 500 種風格綠植栽培指南

Foliage Plants ไม้ใบ

作　　　　者　Pavaphon Supanantananont
譯　　　　者　楊侑馨、阿懶
審 校 協 力　梁群健、戴勝賢、哈斯克橋、Alvin Tam@ 春及殿
社　　　　長　張淑貞
總　編　輯　許貝羚
主　　　　編　鄭錦屏
特 約 美 編　謝薾鎂
行 銷 企 劃　洪雅珊
版 權 專 員　吳怡萱

發　行　人　何飛鵬
事業群總經理　李淑霞
出　　　版　城邦文化事業股份有限公司　麥浩斯出版
E-mail　　cs@myhomelife.com.tw
地　　　址　104 台北市民生東路二段 141 號 8 樓
電　　　話　02-2500-7578
傳　　　真　02-2500-1915
購 書 專 線　0800-020-299

發　　　行　英屬蓋曼群島商家庭傳媒股份有限公司城邦分公司
地　　　址　104 台北市民生東路二段 141 號 2 樓
電　　　話　02-2500-0888
讀者服務電話　0800-020-299（9:30AM~12:00PM；01:30PM~05:00PM）
讀者服務傳真　02-2517-0999
劃撥帳號　19833516
戶　　　名　英屬蓋曼群島商家庭傳媒股份有限公司城邦分公司

香港發行城邦〈香港〉出版集團有限公司
地　　　址　香港灣仔駱克道 193 號東超商業中心 1 樓
電　　　話　852-2508-6231
傳　　　真　852-2578-9337

新馬發行　城邦〈新馬〉出版集團 Cite(M) Sdn. Bhd.(458372U)
地　　　址　41, Jalan Radin Anum, Bandar Baru Sri Petaling,57000 Kuala Lumpur, Malaysia.
電　　　話　603-9057-8822
傳　　　真　603-9057-6622

製版印刷　凱林印刷事業股份有限公司
總 經 銷　聯合發行股份有限公司
電　　　話　02-2917-8022
傳　　　真　02-2915-6275
版　　　次　初版 1 刷 2021 年 1 月　初版 12 刷 2024 年 4 月
定　　　價　新台幣 680 元／港幣 227 元
Printed in Taiwan

國家圖書館出版品預行編目（CIP）資料

觀葉植物圖鑑— 500 種風格綠植栽培指南 / Pavaphon
Supanantananont 著；楊侑馨, 阿懶譯. -- 初版. --
臺北市：麥浩斯出版：家庭傳媒城邦分公司發行，2021.01
　面；　公分
譯自：Foliage Plants ไม้ใบ
ISBN 978-986-408-639-9（平裝）

1. 觀葉植物 2. 栽培 3. 植物圖鑑

435.47025　　　　　　　　　　　　109014842

前言

　　每個人家中休憩的空間都不同，有些人會留出空間讓自己能臥倒在沙發或抱枕上看電視，有些人則會保留空間做自己有興趣的事，但也有一群人會在房子的四周或一小角栽種植物，其中就包含我跟許多人為了放鬆紓壓，會在家中栽培許多觀葉植物。

　　本書是由暱稱 Ohm 的 Pavaphon Supanantananont 所撰寫，他已出版多本著作，讀者對他應不陌生。或許有人懷疑他是否真的能把每一種觀賞植物都栽培得非常好？而他的回答是：「一切都是從失敗中學習成長」，他會查找植物的相關資訊以及詢問諸多觀葉植物大師，經過一次又一次的失誤直到栽培成功，然後才有了經驗集結所知所學，編纂成就了這本書。本書對讀者而言，不僅能增進對觀葉植物之認識，還能解決栽培時所發生的問題。

　　觀葉植物種類眾多，有些植物性喜強日照但卻又能耐陰，有些植物不需要太多陽光，需要栽植於遮陰處才能生長良好，有些植物適合拿來妝點室內環境，其美麗的姿態一點也不會輸給戶外觀賞植物。不同的植物適合或喜歡什麼樣子的生長環境，這些都是栽培者所需要學習了解的知識。

　　希望喜歡觀葉植物的各位，能學到每種植物的相關知識、栽培要領並據以參考遵循，融會貫通後，能將觀葉植物照顧得宜。

作者序

　　在有充足的日照及充沛雨量的環境，讓許多熱帶植物能終年生長，戶外露天栽培更是容易。但隨著生活型態的改變，在室內栽種植物作為裝飾佈置開始變得普遍，甚至還逐漸演變為一股風潮，所以我才著手編寫《觀葉植物圖鑑》這本書，來回答觀葉植物愛好者，以及那些在家中或庭園中栽培植物的人所遇到之各種疑問。

　　本書內容包含室內觀葉植物的相關內容，不論是分類學、來歷、栽種方法及在室內養護之要訣，而且還有特別介紹許多物種能適應不同的室內環境，雖然有些物種特別需要高濕環境，但因為體型嬌小，只要將之栽植於小型玻璃箱或倒置的玻璃器皿，即可拿來妝點增添室內生氣，十分簡單。另外，對於想在戶外露天庭園中栽種觀葉植物者，當然也能在本書中找到相關實用之資訊。

　　本書雖然無法一一羅列所有的觀葉植物，但我特別用心蒐集了許許多多能作為觀葉植物之屬別與物種與讀者分享，讓大家知道有哪些植物能栽植於室內環境，尤其是市面上十分常見的基本觀葉植物種類，並且還加入了不少十分有趣的物種。有些讀者可能會對在室內栽種植物有疑慮，但其實在國外用植物來妝點室內空間已有相當悠久的歷史，這些室內植物在引進後，因為氣候環境的不同，需要調整找出合適的栽培模式，不過這對於有栽培基礎的人來說一點也不困難，但如果您是新手，我相信本書能開拓您的視野，而對於喜歡觀葉植物的人來說，本書也一定能幫助到您。

　　預祝大家都能成為栽培觀葉植物的高手。

Pavaphon Supanantananont

目錄

認識觀葉植物

●什麼是觀葉植物？

提到「觀葉植物」，許多人一定會聯想到變葉木、龍血樹屬植物、黛粉葉、黃金葛、龜背芋、蔓綠絨、花燭等，這是因為大多數的觀葉植物栽培容易，常用於佈置庭園與居家，而且有許多觀葉植物還是具有祝福之意的吉祥植物。

「觀葉植物」一詞特指園藝中一群具有利用價值的觀賞植物。觀賞植物可分為兩類，第一類是花朵較植株葉片與其他部位吸睛且美麗的觀花植物 (Flowering Plants)，常作為花壇或切花使用；第二類則是葉片較花朵搶眼且美麗之觀葉植物 (Foliage Plants)，觀賞價值包括葉形及炫目的葉斑與葉色，依其形狀利用價值可再細分為以下幾類：

1. 切葉植物 (Cut-leaf Plants)

切葉植物之葉形優美，因為葉片瓶插壽命較花朵長或適中，在花藝上適合取其葉片作為葉材，與其他切花一起搭配使用，例如：武竹、文竹、七葉蘭／香林投、棕竹等。除此之外，仍有許多商業上有在生產之植物具有作為切葉葉材之潛力，例如蕨類、黃椰子、花燭或是蔓綠絨中的許多品種。

2. 觀葉類花壇植物
(Foliage Bedding Plants)

觀葉類花壇植物因為生性強健、能於戶外生長良好，且葉叢姿態、整體株型及葉色優美，所以常露天地植栽培，以營造、美化環境。常應用於花壇之觀葉植物有桔梗蘭、擬美花、紅葉鐵莧、金露花、彩葉草、腎蕨、綠莧草、紅莧草、福祿桐、變葉木、紅雀珊瑚、虎尾蘭、紫葉半插花、紫錦草、圓葉榕、黃金榕、福建茶、粗肋草及龍舌蘭等。

現今有許多自國外引進或出自育種家之手雜交選育的觀葉植物新物種或新品種,不論是粗肋草或虎尾蘭都有非常多的雜交品種,就如同國外有各種喜蔭花品種以及許多龍舌蘭屬物種與品種一般。

3. 觀葉類盆栽植物 (Foliage Pot Plants)

觀葉類盆栽植物即是種於盆栽中的觀葉植物,除了整體株型及葉斑漂亮之外,其葉叢與盆栽比例亦需適當,因為盆栽植物在移動上機動性高,方便隨時移動組合,所以常被拿來佈置於庭園或家中的角落。此類植物有秋海棠、黛粉葉、朱蕉、龍血樹屬植物、黃金葛、棕竹、茶馬椰子屬植物、馬氏射葉椰子、琴葉榕、印度橡膠樹等。此外,有些蔓生植物也常作為吊盆植物栽培,例如蔓性椒草、白金葛、百萬心、毬蘭等。另外還包括水生植物,例如澤瀉、埃及莎草、白穗刺子莞、大萍、粉綠狐尾藻、斑葉林投等。

4. 盆景植物及袖珍植物
(Bonsai & Miniature Plants)

有些植物之株型及枝條十分優美,以鋁線纏繞、修剪等技巧而呈現出各異的姿態,在經過細心雕琢下使植株比野生株更具欣賞價值,這類常被作為盆景植物及袖珍植物栽培的植物需具有生長緩慢、莖節短、枝條修剪與塑形難度低、葉片及花朵美麗等特性,例如水梅、九重葛、黑檀木及某些松樹等。

除了上述幾種分類外,觀葉植物也能依其生長型態,分成灌木、蔓生植物以及叢生植物,或依日照需求分為全日照、半日照或耐陰植物等。市場上有非常豐富的觀葉植物,選擇植株時取決於您的栽培目的或植株生長型態,本書介紹的皆是時下最夯的「室內觀葉植物」。

粗肋草雜交品種不論是栽種於戶外或是室內都能生長良好。

原生的五加科植物刺通草 (*Trevesia palmata*) 可以作為室內盆栽植物。

●觀葉植物的起源

■觀賞植物的栽培歷史

　　人類自古即有在栽培觀賞植物，儘管沒有證據可證明最早是起源於何時，但是相傳西元600年前人類建造了巴比倫空中花園，並且栽培了各種花草樹木。而羅馬人在冬天時，將植物栽種於雲母、滑石及粗玻璃板搭設的空間內防寒。

　　英國農業作家暨發明家——休·布拉特爵士（Sir Hugh Plat），他身為文學學士並從事於園藝與農藝相關工作，於西元1653年著有《伊甸園》(The Garden of Eden)一書，書中包含有關室內栽培植物的概念，但是不太被大家接受。直到西元18世紀末，歐洲人開始將客廳從其他廳室中劃分獨立出來，並嘗試拿物品來裝飾客廳，其中一類裝飾品

　　即是從大自然中汲取，例如花朵或各種球根植物，但此風潮並未普及至一般百姓家中，僅流傳於上流階級中。

　　最初，作為觀賞植物栽培的物種十分有限，因為建築物內的溫度低，可選用的植物不多，僅限於溫帶與寒帶地區的物種，大多為原生之當地開花植物，例如石竹、玫瑰、杜鵑及報春花等。

　　到了西元18及19世紀，人們開始將客廳作為接待客人的空間，並且佈置裝飾品以彰顯主人之社會地位，其中就包括各種十分昂貴的熱帶觀賞植物。在歐洲灰濛濛的天氣下，這些熱帶植物還能讓室內空間看起來清新爽朗，此時期歐洲是有地位的上流階層人士才會使用。

　　隨著科技發展日趨進步，例如像是縫紉機的發明讓女性能在家中從事自己的興趣。另外，當時玻璃愈來愈便宜，讓家家戶戶安裝玻璃窗戶來控制室內溫度，並將觀賞植物擺設於休憩空間中靠近窗戶的角落。栽植方式上，盆栽機動性高，使得觀葉植物盆栽在歐洲越來越普及，蔚為居家佈置的風潮。

休·布拉特爵士（圖片來源：https://en.wikipedia.org/wiki/Hugh_Plat#/media/）

隨著工業的發展，各類材料與工具價格較為親民廉價，也促進觀葉植物的栽培及成為時尚的風潮，在中產階級的平民家中也能建造各類庭園，例如栽植藤蔓攀附於休憩用的陽台上，亦或是在桌几上設置具溫室保暖功能的生態缸 (Terrarium)，以便能在大廳或客廳中展示栽培之熱帶植物。特別是西元 1820 年之後，因為各種相關協會及社團在雜誌上投稿撰文的推波助瀾下，更是促進了這股異國植物熱潮。

起初，探險家們是依賴國王的資助，才能前往遙遠的地方蒐集植物，後來探險家們旅程的鉅額資金與報酬轉為由對新穎性植物有需求之大型苗圃商、投資人或上流階級提供，而探險家們深入亞洲、澳洲、南美洲、非洲及紐西蘭等地，在付出血汗及性命下，這些植物經過漫漫長路運送回到歐洲，成為歐洲富有的植物蒐藏家收藏品，並讓歐洲人有愈來愈多新奇的觀賞植物可以欣賞，在這段時期有許多觀葉植物扮演愈來愈重要的角色，地位已不可同日而語。

每個新穎新奇的觀賞植物在紙本期刊及書籍發表前，會由畫工精美的植物學繪師以繪圖方式紀錄其植物形狀，以便介紹讓大家認識，以及按圖索驥去大苗圃商尋找種苗來栽培，其中有許多物種直至今日仍十分受大眾喜愛歡迎，例如黛粉葉、粗肋草及變葉木，所以那個年代被稱為是發現植物新物種及栽培觀賞植物的黃金年代。

《柯蒂斯植物學雜誌》(Curtis's Botanical Magazine) 裡的星點木插畫。
本雜誌是植物學插圖領域中很為重要的雜誌，其內容還包括豐富的相關資訊。

古時候的沃德箱 (Wardian case) 示意圖
(圖 片 來 源 : https://en.wikipedia.org/wiki/Wardian_
case#/media/File:Wardian_Cases.jpg)

生態缸 (Terrarium)

生態缸 (Terrarium) 又稱沃德箱 (Wardian case)，起源於英國維多利亞時代（Victorian era），最初是由喜愛栽培植物的倫敦外科醫生納撒尼爾·巴士·沃德 (Nathaniel Bagshaw Ward) 所打造，西元 1830 年他在觀察密封玻璃容器中的天蛾蟲蛹時，意外發現罐子中的泥屑居然長出歐洲鱗毛蕨 (*Dryopteris filix-mas*) 與小草。

如果是昆蟲學家看到這樣的情況，大概會直接忽視裡頭的蕨類與小草，然而因為沃德醫生曾經試著栽培蕨類，但不曾成功過，所以便持續觀察這株在密封容器裡蕨類，並且發現該株蕨類在未換氣跟澆水的環境中，持續生長存活長達半年之久。

經過嘗試栽培不同種類的蕨類後，他發現這些蕨類能在密閉的玻璃容器中生長良好，於是在西元 1841 年撰寫出版了《植物在玻璃密封箱中的生長》(On the Growth of Plants in Closely Glazed Cases) 一書（西元 1842 年出版），並在西元 1851 年的世界博覽會 (World's Fair) 中展示了沃德箱的密封系統成果，而獲得大眾的高度關注。

之後沃德箱就成為栽種原生於熱帶地區植物的重要工具，它克服了船運時總會遭逢風浪的困境，讓諸多植物成功運抵歐洲大陸，因為密閉式的沃德箱能夠維持箱內濕度與溫度的穩定，適合用於運送各種嬌嫩之植物。特別是小型的蕨類與無須太多光照的蘭花，在運送時需要特別控制濕度維持穩定，以免這些植物在運送的旅途中死亡。因此，沃德箱的出現讓歐洲植物學家更有機會研究各種新植物之活標本 (Living Specimen)，尤其是原生於熱帶地區的植物。

歐洲人也不斷改進沃德箱的外觀，有各種樣式可供熱愛大自然的人依其社會地位或喜好選擇，就如同仿造一座生機盎然的小型玻璃溫室，放置在家中增添生趣。這也是後來飼養動植物的生態缸 (Terrarium) 或稱仿真飼育箱、玻璃花房、微景缸、微境品等的起源。

納撒尼爾·巴士·沃德 (Nathaniel Bagshaw Ward) 是首位在玻璃箱內栽培觀賞植物的人（圖片來源：https://en.wikipedia.org/wiki/Nathaniel_Bagshaw_Ward)

彩葉芋也可以栽培於如同是沃德箱一樣的倒置玻璃器皿中。

■觀葉植物時代的來臨

當愈來愈多人有機會嘗試栽種觀葉植物後，才發現其實觀葉植物在人為栽培下能生長良好，其葉叢姿態、整體株型及葉片大小都非常適合應用於室內環境之佈置，而且還能讓房子更美麗、更適宜居住，在增添色彩上，除了依靠花朵增豔外又多了一個選擇。除此之外，利用觀葉植物妝點屋子，還能彰顯屋主的社經地位，是走在時代尖端具有良好的品味之人，這也造成愈來愈多人種植觀葉業植物，這也同時造成觀花植物的重要性下降。

自維多利亞時代（西元 1837-1901 年）中期開始，英國人開始將觀葉植物栽植於各種盆器中，不論是瓷器、茶杯或甚至是裝果醬的罐子，並將之置於客廳作為裝飾品。當時最流行栽培的觀葉植物有常春藤 (Hedera helix)、椒草屬 (Peperomia spp.)、龍血樹屬 (Dracaena spp.)、蜘蛛抱蛋屬 (Aspidistra spp.)、虎尾蘭屬 (Sansevieria spp.，今已歸入龍血樹屬 Dracaena)、蔓綠絨屬 (Philodendron spp.)，這些觀葉植物生性非常強健，可以算是引發觀葉植物「瘋潮」的創始元老們，後來英國人才逐漸將目光轉移到各種棕櫚及蕨類身上。

蕨類植物有許多物種原生於英國，所以對於英國人來說這些蕨類並不怎麼陌生，但如果因為被當作觀賞植物栽培，而成為一股熱潮就十分不尋常了，甚至是有「蕨類狂熱」（Pteridomania）一詞來指稱此現象，這股狂潮從英國上流階級的鉅富一路風靡到中產階級，誰也沒想到這股風潮能持續超過 50 年之久。

而棕櫚類大部分原生於熱帶地區，運抵歐洲需要經過長時間的旅途運送，正因為如此棕櫚類的價格十分高，而且還獲得植物之王的稱號，並且與蕨類一起作為盆栽植物，應用於房間之佈置，尤其是圓葉蒲葵 (Saribus rotundifolia) 及孔雀椰子屬 (Caryota spp.) 在當時特別受到大眾喜愛。

斑葉常春藤
Hedera helix (Variegated)
是十分受歡迎的居家或庭園用觀賞性蔓生植物。

雖然當時人們對觀葉植物十分瘋狂，了解室內栽培方式，以及使用沃德箱等工具或容器來栽培，但由於環境與氣候實際上並不適合熱帶植物生長，照顧這些熱帶植物特別耗費心力，所以當時如果有人能夠將這些觀賞植物養得很好，是會被大眾視為大師級的人物。

直到維多利亞時代末期，這股觀葉植物的熱潮達到最高峰。當時甚至發展出商品目錄及以訂單郵寄到府的服務，使得觀葉植物受歡迎的程度發展至前所未有之巔峰，直到開始有更多新的植物物種及品種陸陸續續進到歐洲，人們的目光才逐漸轉移到其他的植物身上，但是觀葉植物的浪潮仍是未曾止歇。

■美國的觀葉植物

自觀葉植物在歐洲風行，特別是英國及斯堪地那維亞半島上的國家，美國人同樣也開始關注起這類觀賞植物，尤其是在第二次世界大戰結束，經濟開始復甦之後，各種觀賞植物苗圃開始推出愈來愈多盆植栽培模式的觀葉植物。

西元 1950 年代末期，在工作場所逐漸吹起了栽種植物的風氣，並且將這類植物稱之為 Work Plants，這類植物生性強健，能適應各種氣候且耐乾，假日不澆水仍可生存。在室內栽種植物就像是一面鏡子，不僅反映出當時社會經濟狀況，也反映著每個不同時代的人類。

當觀葉植物在美國愈來愈受歡迎，在對的栽培方法下被細心呵護照顧著，這讓本是分布於另一個半球的植物，在離開原生地國家後同樣生長良好，尤其是那些對環境適應力佳的植物在歐洲及美國各地都十分受到大眾喜愛，例如虎尾蘭屬植物 (*Sansevieria* spp.，今已歸入龍血樹屬 *Dracaena*)、印度橡膠樹 (*Ficus elastica*) 及蜘蛛抱蛋屬植物 (*Aspidistra* spp.)，令人訝異的是有許多物種歷經百年的栽培與買賣，其售價與最初的價格卻是相差無幾。

美葉印度橡膠樹
Ficus elastica 'Tricolor'
身為大型植物，經馴化後卻能在少光的環境下生長。

西元 1970 年後，城市裡充斥著令人感到冰冷、壓迫的高樓大廈，人們開始渴求大自然，所以愈來愈流行在建築物中栽種植物，在大勢所趨之下，自然而然地演變為一種文化。在建築物中栽培植物，除了具有裝飾作用及增添大自然的氣息之外，多看綠色的葉子也對眼睛有益處，且對於紓解都市人的壓力也有不錯的功效。

■泰國的觀葉植物

雖然沒有證據顯示泰國人自何時開始使用觀葉植物裝飾家園，推測是從拉瑪五世時期開始流行起來，從當時來開拓攝影市場之外籍人士所拍攝的照片中，可見大部分背景由棕櫚科植物及蕨類的盆栽佈置而成，這股潮流首先在王室中風行，而後才傳入上流社會與一般大眾中。

開拓泰國觀葉植物圈的先驅有好幾位，每位人士所專精的植物都不同，例如 Pittha

Bunnag 博士專精於棕櫚科植物，Supranee Kongpitchayanont 與 Peerapong Sagarik 為竹芋科植物的先峰人物；而 Chob Kanareugsa 則開啟了泰國栽培斑葉植物的紀元。另外還有許多精通不同種類或屬別植物的人士，帶動各種觀葉植物普及與生產，同時也為觀葉植物圈打下良好紮實的基礎，讓觀葉植物產業持續蓬勃發展至今日。

芭堤雅花園 Pattaya Garden 的老闆 Sithiporn Donavanik 是開拓泰國觀葉植物產業的重量級人士之一，他是園林景觀設計師，同時也是一位植物玩家。他在美國尋找各種屬別的觀葉植物，然後帶回泰國繁殖並育成許多新品種，尤其是黛粉葉屬 (*Dieffenbachia*) 及蔓綠絨屬 (*Philodendron*) 植物。他所育成的 *Aglaonema* 'Banlangthong' 也是世界上第一個粉紅色葉片的粗肋草，後來以彩虹粗肋草（*Aglaonema* 'Sithiporn'）登記註冊品種權，在觀葉植物育種史上留下盛名。

Pittha Bunnag 博士　　　　Sithiporn Donavanik 先生　　　　Surath Vanno 老師

Aglaonema 'Banlangthong'

接下來的時期，有兩位觀葉植物蒐藏家必須要介紹，第一位是思理旺公園的 Sala Chuenchob，他是以前邦巴姆魯地區的觀葉植物栽培家，而另一位則是開始將觀葉植物帶進工作場域佈置使用的 Dilok Makutsah。

既然說到了觀葉植物，班坎普熱帶畫廊和咖啡廳 Bankampu Tropical Gallery & Cafe 的 Surath Vanno 亦是一位開創時期的植物蒐藏家，他在圈內備受推崇，是率先蒐集、栽培花燭的大師，並試著栽培非常多來自不同國家的雜交品種，當然也包括許多新的觀葉植物品種，其中有不少植物因此成為廣受栽培的觀賞植物，也使班坎普熱帶畫廊和咖啡廳成為對國內外人士展示各種重要觀葉植物的要地之一。

另一位泰國重要的觀葉植物栽培家，是雲山花園 Unyamanee Garden 的 Pramote Rojruangsang，他是錦斑變異的育種專家，也是觀賞植物與觀葉植物比賽的重要評審。他育成雜交種粗勒草 'Duj Unyamanee'(也就是大家所說的 'Unyamanee') 等許多品系。

Pramote Rojruangsang 先生

Aglaonema 'Duj Unyamanee'

為什麼有些觀葉植物葉片上具有窗孔

有些植物如龜背芋屬中的龜背芋 (*Monstera deliciosa*) 及窗孔龜背芋 (*Monstera adansonii*) 葉片上具有洞，被稱為窗孔，這些窗孔並非因為病害或蟲害所導致，大部分的人是認為這些窗孔能減低風阻，有些人則認為窗孔有助於雨水流抵植株根系與莖幹，因為這些植物小時候葉片並不具有窗孔。當植株逐漸長大，新生葉片會開始逐漸出現窗孔，除此之外，這些窗孔據信亦具有對草食動物隱跡的功能，雖然有科學家針對此假說進行研究，但是尚未能找出明確的證據，所以至今植物葉片上天生具有窗孔的生態功能仍是未解之謎。

Monstera adansonii

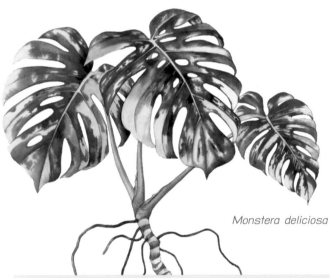

Monstera deliciosa

淨化空氣植物

美國國家航空暨太空總署 (NASA) 研究人員 B.C. Wolverton 博士在研究植物在密閉系統內對空氣的淨化能力時，發現在室內充斥著大量看不見的有毒化學物質，例如甲醛 (Formaldehyde)、苯 (Benzene) 及二甲苯 (Xylene)，而這些化學物質會致癌及引發呼吸道疾病。

研究試驗結果顯示，在放置有植物的房間內，這些有毒化學物質可降低 75%，而且還能有效減少空氣內中的黴菌。植物藉由兩種機制來移除有毒化學物質，第一種方法是由葉片吸收有毒物質，第二種方法則是經由根系移除，所以當植物在進行蒸散作用時，因為氣體進入植株體內的速率較快，而能夠更有效的移除有毒化學物質。這些能淨化空氣的植物有 50 種，許多是大家耳熟能詳的觀葉植物，例如黃椰子、棕竹、黃金葛、印度橡膠樹、虎尾蘭及龍血樹屬植物等。

葉片的各種形狀

線形 (linear)
葉片先端銳

長橢圓形 (oblong)
葉片先端圓，葉尖凸
起短，基部則呈鈍狀

橢圓形 (elliptic)
葉片先端尖

圓形 (orbicular)
葉片先端圓，葉緣
呈鋸齒狀

心形 (cordate)
葉片先端銳

腎形 (reniform)
葉片先端圓

匙形 (spathulate)
葉片先端圓

掌狀葉 (palmate leaf)
葉緣深裂

三出葉 (trifoliate)
葉緣波浪狀呈程度不一

掌狀裂葉 (palmately lobed)

披針形 (lanceolate)
葉片先端漸銳

倒披針形
(oblanceolate)
葉片先端漸銳

倒卵形
(obovate)
葉片先端圓

卵形 (ovate)
葉片先端漸銳

盾形 (peltate)

倒心形
(obcordate)
葉片先端內凹

羽狀複葉
(pinnately
compound leaf)

深裂
(deep lobed)

箭矢形
(sagittate)
葉緣呈波浪狀

三回羽狀複葉
(tripinnately
compound leaf)

● 栽培要點

在栽植觀賞植物時需考量的重點是栽培環境是否適合該種植物，如果是地植於戶外的園子中，則需考慮澆水、空氣相對濕度、日照量，因為不同的觀葉植物對栽培環境要求均不同。大多數的物種性喜半日照，但有些物種則可以栽植於全日照環境中，例如黃椰子、馬氏射葉椰子、印度橡膠樹、虎尾蘭、斑葉林投、彩葉草、紅莧草等，但同時也需要提供充足的水分。另外，還有某些物種需要栽植於散射光環境中或大樹的遮陰之下，例如花燭、蔓綠絨、黃金葛、龜背芋、龍血樹屬植物、粗勒草、許多屬的蕨類以及某些鳳梨屬植物，例如鶯歌鳳梨屬 (*Vriesea*) 等。

豬籠草屬 (*Nepenthes*) 植物亦能栽植於室內，但偶爾需要移至戶外曬點太陽。

至於栽植於室內的觀葉植物則需考慮以下幾點：

1. 放置地點

將植株栽種於開放空間或具穩定明亮的環境下，會比栽種於昏暗與不通風環境下生長的更好，因此應該將盆栽放置於通風良好的環境中，如此植物栽培起來會更為容易上手，而且還能減少病蟲害發生的機率。

2. 光線

光照是每種植物生長所必需的基本要件，因此植株放置的地方必須要有光照，而且還要能滿足該植物生長所需，例如窗戶邊，如果必須置於房間中央，則需要有足夠的光線照到盆栽。

許多參考文獻將觀葉植物對光的需求大約分成幾個等級，例如低光、高光、中等或非直射的明亮散射光，以下是依據植物對光照需求的分類：
⊙對光線需求高的觀葉植物：需要放置於靠近窗戶的位置，尤其是面向東南方的窗戶，緊鄰窗戶不超過 30 公分，例如瓊崖海棠、蘇鐵、鹿角蕨、變葉木及鵝掌柴屬植物等。
⊙對光線需求中等的觀葉植物：需要放置於光線明亮的東西向窗戶，例如波士頓腎蕨、南洋杉、某些棕櫚科植物、鳳梨科屬植物等。
⊙對光線需求較低的觀葉植物：最少需要放置於有些微自然光線照射或以 LED 為光源之處，以便讓植物行光合作用。大部分的觀葉植物能夠於中等光照至高光環境中生長良好，但也有許多物種能夠適應少光環境，例如美鐵芋、虎尾蘭、黃金葛、黃金鋤葉蔓綠絨及佛手芋等。

龍舌蘭屬植物是觀葉植物中的非常需要日照的多肉植物，建議種植於門前或陽台邊，以便獲得充足的日照，如果栽培於室內會因為日照不足而生長的較差。

3. 給水

給水是另一個讓觀葉植物生長漂亮的要訣之一，大原則是介質乾了再澆水，讓介質乾濕交替。栽植於室外園子中的植物，若栽培量不大，可使用澆水器給水，但如果園區占地過大，則可以使用水管來澆水。在光線強烈但空氣相對濕度低的季節，或許需要在白天噴霧以增加空氣相對濕度；但如果適逢雨季時，則不需要天天給水，因為給予過多的水分，也許會造成根系腐爛，甚至使植株死亡。

Tips

▶ 現今科技十分進步，已經有量測光照度的工具，單位為勒克斯 (Lux)，室內照度大約為 20-2,000 Lux 不等。有研究顯示植物能生存的最低照度為 250-800 Lux。

▶ 如果將植物種植於窗戶附近，請記得不同季節的光照強度變化，各位在栽種時要留心植株光照是否過多或過少，以及時常轉動盆栽，讓植株受光均勻，以免植栽因為向光性而向單一邊生長，最終導致植株傾斜。

如果是在室內栽培觀葉植物，盆栽底部需要放置接水的底盤，避免澆水後水由排水孔排出時造成髒亂。給水的方法有以下幾種：

方法一

在盆栽底盤加水，讓栽培介質慢慢的將水由底部孔洞吸上去，這種方法可以不用將盆栽搬起、移動，較為省工。

方法二

將盆栽移置戶外光線非直曬之處，用澆水器將栽培介質連同植株澆濕，如此能一併將葉片上的塵埃洗去，待水分瀝乾後再移回室內。

方法三

使用大於盆栽的臉盆或塑膠桶，在大容器中加水至盆栽底部排水孔的高度，將盆栽放入裝水的盆器內，使栽培介質慢慢吸水，待栽培介質吸飽水後，將盆栽移出裝水的容器，等待盆底不再滴水時，再將盆栽放回原本的底盤上，此法適合盆栽大缺水、栽培介質過乾時使用，在栽培介質完全浸潤下，可幫助植株快速吸飽水而恢復。

注意事項

栽植於室內的觀葉植物，因為接受到的陽光較少，也未直接受風吹拂，所以栽培介質乾燥的速率較慢，對澆水頻率的需求較栽植於戶外者還少，不須每天給水，大約每間隔 2-4 天給水即可。實際上給水頻率還是取決於植物種類及栽培介質種類，當栽培介質開始乾燥時再給水，但不要等到介質過於乾燥、葉片失水萎凋時才澆水，因為這樣可能會使葉片黃化並落葉，導致植株葉叢無法回復到原先一樣的美麗。

在室內栽植許多觀葉植物是提高空氣相對濕度的一個好方法。

Do you know?

植物可以多久不給水

　　不同的植物對缺水的忍受能力亦不相同。室內的觀葉類盆栽植物可以長達數日至數星期不給水，有些人會於盆栽的底盤內放置礫石，然後把盆栽置於其上，再於底盤加水至盆栽底部的高度，這種給水方法可以減少給水頻率，特別適合外出一段期間不在家或太忙沒有時間照顧植物的人。如果是小型觀葉植物，可以將其栽植於玻璃櫥窗或倒置的玻璃器皿中，這樣可以長達數星期不澆水。

怎樣才能讓觀葉植物的葉片保持光亮

　　長期放置於室內的觀葉植物，葉片上常會有灰塵或水漬，這樣會導致葉片上交換氣體的氣孔被灰塵及其他髒東西阻塞，所以需要定期清潔葉片。目前有可清潔髒污及去除水漬的噴劑可使用，只要將噴劑噴於葉片上，再用布輕輕的擦拭，即可讓葉片恢復光鮮亮麗；或者將布以乾淨的水加一點肥皂水浸濕後，用來擦拭植物的枝幹與葉片，也能讓葉片再次恢復美麗；對於葉叢巨大或葉片細小者，則可以將植物搬到戶外，用水沖洗來去除灰塵與其他髒污。然而也有些觀葉植物並不適合以擦拭或其他方式來清潔處理，因為會使植物受傷或使被覆於葉片上之絨毛脫落。

Tips

▶ 持續觀察植物是否有出現外觀異常，例如葉片失水萎凋呈黃色或出現不正常脫落現象，尤其是植株的下位葉，這很可能是因為澆水過度，使根系缺氧腐爛所導致，或是植株因為缺水而落葉，需要透過持續觀察植株，並加以調整給水頻率來改善。

▶ 如果在盆栽附近常見到有螞蟻的蹤跡，也許是植株根系或葉片受到介殼蟲之侵害，尤其是粉介殼蟲，發現後要將介殼蟲移除。如果是躲藏於栽培介質內的介殼蟲，則需要立即更新栽培介質，並將受到介殼蟲侵害的舊介質丟棄。

4. 栽培介質

栽培介質是另一個影響植物生長的要素，不同的植物所適合的栽培介質不同。用對栽培介質能讓植物栽培起來更為輕鬆。觀葉植物適合之栽培介質常見以土壤混和其他介質，例如椰塊、椰纖、稻殼及堆置熟成的落葉土，這些混和物能增加栽培介質之通氣性、排水性及肥份。如果不想自己混和，也可以選擇市售已混和各種栽培介質之袋裝培養土。對於需要通氣性及排水性非常高之植物，像是觀賞鳳梨及某些多肉植物如大戟科植物，則可以混和珍珠石與蘭石來增加栽培介質之孔隙。

有許多觀葉植物具有攀緣性或附生性，例如蔓綠絨、花燭、黃金葛、黃金鋤葉蔓綠絨及鹿角蕨等，這類植物需要疏鬆、保濕且排水性佳之栽培介質，當我們將這些植物買回家時，可見其栽培介質中混和有椰塊，有些甚至是全部只使用椰塊來栽培。無論如何，使用椰塊時需要先浸泡 2-3 天，並且天天換水，直到沒有棕色的浸出液之後才能拿來使用。但椰塊的缺點是使用壽命短，經過 1-2 年後即會因為分解，造成栽培介質孔隙度減少而變得緊實，使植株根系生長不良，所以需要每年定期更新栽培介質。

Tips

▶ 因為觀葉植物常栽植於盆栽內，植株根系生長會受限於盆器，所以需要依植株大小進行移植作業並更換栽培介質，以利植株持續生長，一般來說一年至少一次，這樣植株才有足夠的養分及生長空間。

▶ 在盆器中栽培觀葉植物時，有一個能增加栽培介質排水性及通氣性的秘訣，那就是將保麗龍塊、大塊的椰塊或蘭石等介質先置於盆器底部，再放入真正的栽培介質。

5. 栽培容器

需要依植株生長習性及植株大小選擇適合的容器或盆子，如此才能讓植株生長得強健、美麗。常使用之栽培容器有許多種類，包括塑膠盆、陶器及瓷器，其優點及缺點如下：

	優點	缺點
塑膠盆	▶ 有許多種顏色可供選擇 ▶ 重量輕 ▶ 在移動上機動性高 ▶ 價格低	▶ 排水性稍差 ▶ 使用壽命短
陶盆	▶ 盆壁上有孔隙，所以排水性及通氣性佳 ▶ 堅硬，耐用度較高 ▶ 使用壽命長	▶ 可供選擇之顏色少 ▶ 重量重 ▶ 價格較塑膠盆高
瓷器	▶ 具有獨特之外觀形狀設計 ▶ 耐用度佳	▶ 價格昂貴 ▶ 因為瓷器塗有釉料，會造成排水性及通透性差

Tips

▶ 外表具油亮光澤的瓷器可能不適合直接作為栽培容器使用，因為其排水性及通透性差，會導致植株生長不良，可以將瓷器套於一般的栽培容器之外，或使用其他美麗的容器來栽培植物，例如鍍鋅盆器、藤編容器，又或是以麻布袋套裝栽培盆器來達到美觀效果。

▶ 有許多觀葉植物能水耕栽培，不需要栽培介質，例如黃金葛、萊姆黃金葛、窗孔龜背芋、黃金鋤葉蔓綠絨、春雪芋、萬年竹；或是水生植物如銅錢草、南國田字草，又或是孤挺花等球根花卉等，可以使用能盛水之花瓶或是各種型狀的玻璃瓶來栽培，重點是要經常換水來防止孳生子孑，亦或是在瓶器中養魚如鬥魚及孔雀魚，以避免造成蚊子繁衍。

6. 肥料

　　施肥能幫助觀葉植物生長，讓葉片色澤明豔、葉柄強健。常使用的肥料為有機肥、水溶性肥料或控釋肥如氮磷鉀三要素均衡之奧妙肥 (Osmocote)。基肥施用時機為每 3 個月換盆時，將肥料與栽培介質混和來施用，追肥則是在之後每 1-2 個月，施用比說明書建議濃度更稀之肥料，以少量多餐的方式施用為佳，如果肥料施用過多，除了植物來不及吸收，就被水給淋洗掉造成浪費之外，也會造成植株體內水分過多、易遭外力損傷、植株生長太快而呈瘦長狀，使植株失去原有應有的美麗姿態，而且也容易導致根系腐爛，或是盆栽邊緣出現鹽分累積而不美觀。

●觀葉植物的病蟲害

觀葉植物是觀賞植物中病蟲害相對非常少的一群植物，如果有接受足夠的日照、置於空氣流通處，並且定期更新栽培介質，受到病蟲害侵襲的機率小，但有時後也會在不知不覺的情況下被病蟲侵害。

常見之觀葉植物病害有以下幾種：

1. 軟腐病 (Soft Rot)

常發生於栽培介質密實且未定期更換栽培介質之觀葉植物身上，因為栽培介質過於潮濕，根系細胞吸飽水分，細胞膨脹、抵抗力下降，導致感染細菌性莖腐病 (*Erwinia carotovora*)。

2. 根腐病 (Root Rot)

發生於栽培介質過於潮濕，使腐霉菌 (*Pythium* spp.) 入侵感染，導致植株萎凋、基部老葉黃化脫落及根系腐爛。此外，根系腐爛的徵狀也會發生在剛自國外引進或剛新栽種之觀葉植物身上，當植株適應新環境後，此類的根系腐爛現象就不會再發生了。

3. 莖腐病 (Stem Rot)

常見於剛扦插之插穗，尤其是粗肋草及黛粉葉會有鐮孢菌 (*Fusarium* spp.) 自切口處入侵，造成插穗基部會有褐色或黑色汁液、葉片黃化萎凋脫落，嚴重者整個枝條都會腐爛。

4. 白絹病 (Southern blight)

栽培介質潮濕而飽含水分的植物較常發生，因為植株細胞膨脹，使病原菌 *Sclerotium rolfsii* 之入侵感染，造成植株基部褐化。如果空氣相對濕度高，在發病處也許可見白色之菌絲。

1. 根腐病
2. 白絹病
3. 炭疽病感染葉片造成之真菌性病斑
4. 細菌性葉斑病

5. 葉斑病 (Leaf Spot)

常發生在栽種於不通風環境中的觀葉植物，造成空氣中之病原菌入侵。如果是真菌類的炭疽刺盤孢菌 (*Colletotrichum* sp.) 所引起者，葉片會出現黃色病斑並且向外擴展，病斑中心則發展為棕色大斑塊，並且在四周會有黃色小病斑，被稱為是炭疽病 (*Anthracnose*)。但如果是由十字花科黑病菌所引起，葉緣則會出現紅棕色病斑，病斑外圍呈現黃色，如果天氣炎熱，病斑會進一步向外擴展並進一步感染其他地方。

應對措施

▶ **輕微感染**：更新栽培介質、將有病癥之根系、莖幹及葉片修剪掉並燒毀，將植株放置於陰涼處，待傷口乾燥後再重新栽種，並將植株移至早上受光、空氣流通之處，直到植株恢復健康。

▶ **嚴重感染**

⊙ **細菌性病害**：在重新種植後，應依照用藥指引，每周噴施抗生素藥劑直到植株恢復健康，例如鏈黴素 (Streptomycin)。

⊙ **真菌性病害**：在重新種植後，應依照藥指引施用針對真菌之殺菌藥劑直到植株恢復健康，例如蓋普丹 (Captan) 或貝芬替 (Carbendazim)，植株恢復健康時可觀察到根系生長量變多及長出健康的新葉。

⊙ **受炭疽病害侵襲**：重新種植後，應依照用藥指引施用針對真菌之殺菌藥劑直到植株恢復健康，例如大生 M-45(Dithane NT M-45) 或鋅錳乃浦 (Mancozeb)。

常見之觀葉植物害蟲有以下幾種：

1. 粉介殼蟲 (Mealybug)

粉介殼蟲為體型嬌小的白色害蟲，與螞蟻互利共生，螞蟻會搬運粉介殼蟲到植株的頂芽、葉片及根部，粉介殼蟲會吸食植物的汁液，當排出時會形成蜜露，而螞蟻就能取食這些蜜露。如果危害嚴重時，植株生長勢會弱化，甚至造成生長停滯或死亡。

2. 盾介殼蟲 (Scaly Insect)

盾介殼蟲與粉介殼蟲一樣為小型害蟲，

粉介殼蟲

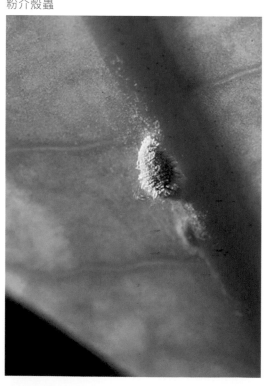

盾介殼蟲

螞蟻與其共生，特徵是具有黃色、黃褐色或白色等的盾狀外殼，主要侵害葉片，以吸食植物的汁液維生，同樣會造成植株生長勢下降。

3. 紅蜘蛛 (Red Spider Mite)

紅蜘蛛屬於體型非常小的一種蟎類，主要棲息於葉背，肉眼看起來為會移動的紅色小斑點，以吸食植物葉片汁液維生，造成葉片上出現白色的小斑點，會造成植株光合作用能力下降。紅蜘蛛危害好發於天氣炎熱時，對於栽培於室內的觀葉植物比較少會遇到大爆發的情況。

4. 草食性昆蟲或動物

例如毛毛蟲、蝗蟲以及蛞蝓，常見危害栽培於戶外的植物，會將葉片吃的破破爛爛，使植株不美觀。

應對措施

▶ **刺吸式口器害蟲：**如果危害不嚴重，可以徒手移除、將葉片清理乾淨，並將周遭環境整頓避免螞蟻出沒。如果危害嚴重，可以施用化學藥劑，例如 Starkle G 或達特南 (Dinotefuran)，將藥劑撒在盆栽四周並用水淋濕。如果危害情況非常嚴重，尤其是紅蜘蛛大爆發時，要將受害的部分移除，並且噴藥處理，例如毆蟎多 (Propargite)。

▶ **咀嚼式口器害蟲：**如果危害不嚴重，直接徒手移除即可，如果危害嚴重，可噴施化學藥劑，例如加保利 (Carbaryl)。假如是夜間活動的蛞蝓，要持續將其移除，如果危害嚴重，可以在蛞蝓會行經之路線上施灑聚乙醛餌劑 (Metaldehyde)，蛞蝓食用後會死亡。

紅蜘蛛

蝸牛

Do you know?

▶ 若觀葉植物的葉片由深綠色轉為淺綠色、黃色或紫紅色，可能的原因很多，大多是因為缺乏某些必要元素，此時可噴施適當之液態肥料來緊急救援，另外要記得定期補充肥料。

▶ 缺乏特定必要元素時，植株會出現某些共通徵狀，可以藉由觀察這些徵狀來推論缺乏的元素為何，詳細病徵請見下表：

缺乏之營養元素	病徵
氮	生長緩慢，發育不良；不長側芽；輕微時老葉黃化，嚴重者全株葉片黃化，老葉易脫落。
磷	植株矮化；葉片呈紫紅色並有黃化現象，新葉變小，綠色幼葉提早脫落；莖桿瘦弱易倒伏。
鉀	生長緩慢；自老葉葉尖及葉緣黃化後轉褐色焦乾脫落，再漸次擴及新葉；莖桿瘦弱易倒伏。
鈣	葉緣出現皺縮、扭曲，枯死時呈白色或棕色，或是頂芽彎曲、弱化而逐漸死亡；新葉捲曲；根系弱化。
鎂	老葉黃化，但葉脈仍維持綠色，兩者形成鮮明對比，接下來演變為白化或呈棕色，又或者出現黃白色之斑塊；葉片脆化容易破損。
硫	徵狀與缺氮相似，但病徵出現於新葉。
硼	植株矮化；新葉乾枯死亡似缺水之徵狀；莖桿脆化容易受損；植株心部褐化腐爛。
銅	植株矮化；葉片呈色灰綠，葉緣捲曲，新葉黃化脫落。
鐵	葉片因為無法形成葉綠素而呈黃白色，然後死亡。
鉬	新葉變厚，呈灰綠色，葉緣捲曲，基部可能出現淡紅色病徵並向先端擴展。
鋅	植株矮化；新葉變小、變窄，發育時因為缺氧而黃化。

●觀葉植物的繁殖方式

繁殖觀葉植物的方法有很多種，可以分成二種，分別是有性繁殖，即以播種繁殖，以及無性繁殖，例如扦插繁殖或分株繁殖，以下是詳細的介紹：

1. 播種繁殖

播種繁殖適合不長側芽，但會開花結籽的觀葉植物，由種子繁殖之子代植株，其形狀可能與親本不同，現今常以播種繁殖的觀葉植物有花燭、龍血樹屬植物、虎尾蘭、粗肋草等 (會讓人誤以為不長側芽)，繁殖方法不難，步驟如下：

Step1 收集已經成熟、無病蟲害的果實，將果肉洗去，將乾淨的種子陰乾。

Step2 將壤土與椰纖以1:1的比例混和，將混和好的栽培介質置入盆栽中。

Step3 將種子撒播於盆栽中，並將種子輕輕的壓入栽培介質中，之後再覆上一層薄薄的栽培介質。將栽培介質均勻的澆透，並將盆栽放置於散射光源環境中。可施用一些防治真菌的藥劑，以保護種子順利發芽。

Step4 7-10 天 (取決於植物種類) 之後，即可見種子發芽、長出新葉，等到幼苗長出真葉、強健後即可進行換盆作業。

step 1

step 2

step 3

step 4

Tips

▶ 如果手邊已經有栽培植物的壤土，可與椰纖以 1:1 的比例混和作為播種之栽培介質，用來取代稻殼灰或泥炭土。

▶ 如果是花燭、粗肋草的種子，其外圍會有一層果肉包覆，需要將果肉洗乾淨，種子才容易發芽，也能避免引來螞蟻或鳥類取食。

▶ 如果種子有堅硬的種皮或種殼包覆，例如各種棕櫚科與龍血樹屬植物，在洗淨包覆種子之果肉後，需以砂紙將種皮或種殼刻傷，小心別傷到種子，如此能幫助種子吸水及促進發芽。

2. 枝條扦插

此方法難度不高，適合枝條蔓性或分枝很多的觀葉植物，例如各種黃金葛、蔓綠絨、朱蕉等，這些植物隨時間長大植株會愈來愈雜亂，此時就需要修剪部分的枝條，被剪下來的枝條即可以拿來扦插，步驟如下：

Step1 選用尚未老化或非過嫩的枝條，將枝條截取 15-25 公分、具 3-4 個節為插穗，並保留下 2-3 枚葉片即可。

Step2 將壤土與椰纖以 1:1 的比例混和，將混和好的栽培介質置入有排水孔之扦插盤或小盆栽中，將栽培介質稍微澆濕。

Step3 用小木棍在栽培介質上壓出小凹槽，將準備好的插穗依凹槽插入，插穗插入大約 2 個節的深度，將栽培介質稍為壓密實，如此之後澆水時插穗才不會搖動。

Step4 將栽培介質澆透，並將扦插盤或小盆栽放置於光線散射處，如果 1-2 個星期後枝條仍然維持新鮮，表示插穗正在發根，等到插穗根系發育長滿盆器並長出新葉後，再將植株移植到較大的盆器中。

step 1

step 2

step 3

step 4

Tips

▶ 有些觀葉植物無須扦插於栽培介質中，例如萬年竹、變葉木、福祿桐、朱焦、黃金葛、窗孔龜背芋、春雪芋等，可以將半木質化的枝條剪下插於裝有清水的容器中，不久後插穗即會長出新的根，當根系夠多夠強健就可以進行移植，將新植株種植於一般的栽培介質中。

▶ 若是枝條質地堅硬的觀葉植物，例如福祿桐、龍血樹屬植物或莖幹木質化的龜背芋，建議在傷口處塗抹石灰，可預防病原菌入侵，或者塗抹發根粉亦可，等傷口陰乾後再進行扦插作業。

3. 分株繁殖

適合從莖基部長出側芽分蘖之觀葉植物，例如竹芋、棕竹、粗肋草、春雪芋、虎尾蘭等，這些植物長大後會呈叢生姿態，當植株叢長滿盆栽時需要換盆，並且移除部分過多的叢生枝芽，修剪下來的叢生枝芽即可拿來繁殖用，步驟如下：

Step1 將生長成一大叢的植株取出盆器，移除部分根系包覆的栽培介質，將植株枯死的部分修剪移除。

Step2 使用乾淨銳利的刀具將植物由基部分株，分株時記得每一小叢需要包含一部分的莖部與芽點。

Step3 將栽培介質裝到新盆器的一半高度，把分好的植株放入後再將栽培介質裝滿，稍微將栽培介質壓實，以避免澆水時造成植株倒伏。將栽種好之新盆器放置於明亮散射光處，等到植株重新生長恢復強健後，再將盆栽移至需要點綴之處。

step 1

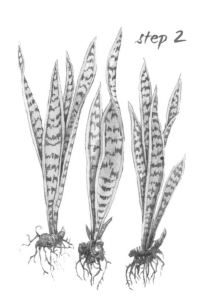

step 2

step 3

4. 組織培養

可以在短時間內繁殖出大量的植株，適合需要繁殖大量植株來販售的業者，但此方法需要專業的操作人員及乾淨的無塵室，通常由專門的公司接受訂單負責繁殖。

Do you know?

▶ 有些觀葉植物具有質地堅硬的莖幹，例如龍血樹屬植物及朱蕉，可使用高壓方式來
繁殖，也就是將開始木質化之枝條剝皮，以浸濕之椰纖包覆並密封，不久之後傷口處
會長出新根，當根系發育好後即可剪下栽種。

step 1

step 2

step 3

▶ 有些觀葉植物莖幹為蔓生姿態，除了可使用扦插法繁殖外，也可以等植株枝條生長
至附近的盆栽或地上，俟紮根後再將枝條剪下繁殖。

●其他栽培相關問題

Q：觀葉植物莖幹變得細長、植株姿態變醜，該怎麼處理？

A：可能是因為光線不足，導致植株徒長，莖幹因此變得細長。可以修剪讓植株重長、並將植株慢慢移至戶外，讓植株逐漸適應強光環境，一段時間後植株會長出新芽恢復原本美麗的姿態。如果直接將植株由室內移至室外，可能會因為光線一下子變太強，造成植株葉燒等不良影響。此外，可多準備一株植物與之交替擺設，讓兩株植物都能健康生長。

Q：黛粉葉或朱蕉莖幹過長該怎麼處理？

A：可以將莖幹含有頂芽之上半部切下重新扦插處理，而剩餘的莖幹可以剪成一截一截，陰乾後，扦插於浸濕之稻殼灰中作為繁殖用。如果插穗是含有頂芽者，扦插深度約為 5-10 公分，而如果插穗是剩餘的莖幹，則可以平放倒置，並稍微壓入栽培介質。扦插後要將介質澆透，可施用藥劑保護插穗不受病原菌侵害，並且套上透明塑膠袋保濕。將盆器放置於陰涼處，一陣子之後待發根與長新芽即可將保濕的塑膠袋移除。

step 1

step 2

step 3

Q：如果需要離家好一陣子，觀葉植物會因此缺水死亡嗎？

A：有 2 個簡單的方法可以解決澆水問題，第 1 個方法是找一個臉盆或水桶裝一點水，將觀葉盆栽置於其中，讓水面差不多與盆栽的排水孔同高；第 2 個方法是找一個直徑約 1 公分、長約 50 公分的水管，將水管的一端插入觀葉盆栽約 15 公分深，另一端沉入裝有水的臉盆或水桶，過一陣子水會經由水管抵達盆栽端，重點是裝有水的臉盆或水桶所放的位置要高於盆栽，以利水由水管流入盆栽。

各屬觀葉植物介紹

天南星科
Araceae

　　天南星科主要分布於全世界之熱帶地區，有超過117個屬、3000多個物種。本科為多年生單子葉植物，全株肉質；莖部型態與生長型態多變，地下莖種類有包含像是根莖或如芋頭用來貯藏養分之球莖，而地上莖有直立、叢生或能攀附於大樹之蔓生莖，此外，除了一般之地生型植物外，有的天南星科植物可生長於水面上或濕地處；花序為佛焰花序 (spadix，或稱肉穗花序)，由植株近先端的葉腋抽出，佛焰花序由小花著生之肉穗與包覆於肉穗外之佛焰苞 (spathe) 組成；果實為漿果，成熟時轉為橘色或紅色，內有 1-2 粒硬種子。本科植物全株具有草酸鈣結晶之乳汁，對人類的皮膚與動物具有毒性，接觸會造成搔癢或發炎腫脹。天南星科有許多屬為熱門之觀賞植物，例如粗肋草屬 (*Aglaonema*)、花燭屬 (*Anthurium*)、彩葉芋屬 (*Caladium*)、黛粉葉屬 (*Dieffenbachia*)、龜背芋屬 (*Monstera*)、蔓綠絨屬 (*Philodendron*) 等，有許多屬的栽培歷史已經非常久遠。

粗肋草屬 / *Aglaonema*

　　屬名源自於 2 個希臘文,分別為 aglaos 明亮的及 nema 線,形容著生於肉穗上之雄蕊。本屬有超過 25 個物種,分布於熱帶亞洲之熱帶雨林。粗肋草屬植物之特徵為全株肉質,具有粗大的地下鬚根;地上莖部具有明顯的莖節,莖部呈直立或蔓生姿態;單葉互生,具有多種葉形、葉斑及葉色;花序為佛焰花序,雄花位於肉穗之上端部分,數量非常多,包含可稔與不稔之雄花,而雌花則位於肉穗之下端部分;果實為漿果,橢圓形,果實多群聚於肉穗之基部,成熟時轉為橘色或紅色,內含有 1 粒種子。

　　粗肋草這個名稱的意思是美麗明亮如黃金般,依據本屬育成之雜交子代形狀與葉色可知,而為了讓粗肋草更適合作為盆栽植物,育種目標多朝小型、短葉柄、姿態緊密、耐蟲害及耐陰方向進行。粗肋草被視為吉祥植物,自古即廣泛種植,例如常作為盆栽擺放於家門前或陽台上,以求好運降臨及身體健康。

　　粗肋草應栽植於能在上午有半日照或是在樹陰之下,但須避免種在過於陰暗之地,不然植株會徒長,看起來不健壯;栽培介質應保持濕潤,但不要過於潮濕;以頂芽扦插或分株繁殖。研究顯示,粗肋草能吸有效的收空氣中之甲醛,再加上有非常多的株型與葉色變化,所以現今愈來愈流行在室內栽培或用於裝飾戶外庭園。

迷彩粗肋草
Aglaonema pictum (Roxb.) Kunth
原生地:馬來西亞至印尼蘇門答臘島
迷彩粗肋草是十分美麗且葉斑多變之原生種粗肋草,它在泰國栽培歷史悠久,但生長緩慢,繁殖難度非常高,所以不太廣為流傳;在日本則有選育出許多形狀特別之品種。本種常作觀賞植物栽培於裝有燈具之生態玻璃容器或魚缸中,性喜潮濕,但若栽培介質積水,則容易腐爛。

1 魚骨短裂苞粗肋草
A. brevispathum (Engl.) Engl.

2 斑葉短裂苞粗肋草
A. brevispathum (Variegated)

3 白肋短裂苞粗肋草
A. brevispathum (Engl.) Engl.
原生地：東南亞

1 心葉粗肋草
A. costatum N.E.Br.
原生地：泰國、馬來西亞

4 矮粗肋草
A. pumilum Hook.f
原生地：泰國、緬甸

2 白雪粗肋草／玉皇帝／
皺葉粗肋草
A. crispum (Pitcher & Manda)
Nicolson
原生地：菲律賓

3 粗肋草／廣東萬年青
A. commutatum Schott 'Maria'
原生地：菲律賓
在泰國栽培已有數十年之歷
史，可以在種植於室內或戶外，
對光照需求少，生性強健，幾
乎能在各種環境中生長，不論
是以土栽培或種植於水中。

Aglaonema 'Duj Unyamanee'

由雲山花園 Unyamanee Garden 的 Pramote Rojruangsang 以 'Khanmaak Chaowang' 與 'Potisat' 雜交而得，是世界上第一個整枚葉片為鮮紅色之粗肋草雜交子代，Pramote Rojruangsang 在西元 2003 年將該雜交子代與另外兩株粗肋草以 100 萬泰銖的高價售出，這讓全世界都看見泰國在粗肋草屬育種上的實力，但後來再也沒有為了在觀賞植物圈中交易而繁殖那株粗肋草。接下來 Pramote Rojruangsang 又選育出一株形狀幾乎與第一株鮮紅色葉片粗肋草相同的植株，並命名為 'Duj Unyamanee'，但大多數的人都只稱其為 'Unyamanee'，直到現在仍可在市場上見到本品種之芳蹤，除了有原始的品種外，還有組培變異品種，例如葉色為綠色與白色之 'White Unyamanee'，以及葉片有綠色、粉紅色與白色之 *Aglaonema* 'Duj Unyamanee' (Variegated)。

1
Aglaonema 'Duj Unyamanee'
(Variegated)

2
Aglaonema 'White Unyamanee'

1
Aglaonema 'Legacy'
本品種是由泰國最早期一批很厲害的粗肋草育
種家 Jirayu Thongwuttisak 所育成，是首批非
常著名的彩葉植物之一。

2 - 3
Aglaonema 'Legacy' (Mutate)

4 黃馬粗肋草 / 黃金寶座
Aglaonema 'King of Siam'
本品種的育種家是 Sithiporn Donavanik，他
是以前十分著名的芭達雅觀賞植物花園之園
主，Sithiporn Donavanik 以圓葉粗肋草 (*A.
rotundum*) 與細斑粗肋草 (*A. commutatum*) 雜
交所育成，本品種是世界上第一批葉片顏色有
粉紅色的粗肋草，所以後來有許多育種家都以
之為親本進行育種，早期售價高達上千至上萬
泰銖，現今已被其他顏色更為鮮豔亮麗的新品
種所取代，但仍然是觀葉植物歷史中的傳奇之
一。圖片中所示者為黃馬粗肋草突變個體，真
正的黃馬粗肋草請見第 19 頁。

1 斑葉長青粗肋草
A. simplex (Blume) Blume (Variegated)

2 霧葉粗肋草
Aglaonema nebulosum
原生地：婆羅洲

3 世界遺產
Aglaonema 'Moradok Loke'
在泰國大城府的世界遺產活動上獲得最佳獎。

4 如意粗肋草 / 蘇門答臘之傲
Aglaonema 'Pride of Sumatra'
為印尼育種家 Gregori Hambali 所育成。

暹羅極光粗肋草／極光粗肋草
Aglaonema 'Siam Aurora'
暹羅極光粗肋草是由 Chitsanupong Garden 雜
交所育成，現今多以組織培養來大量繁殖作
為盆植作物，在各國觀賞植物市場中均可見
本品種之身影，是十分受歡迎、廣為流傳之
雜交粗肋草。

1 佛手芋 / 尖尾芋 / 臺灣姑婆芋
A. cucullata (Lour.) G.Don
原生地：中國、印度、緬甸、斯里蘭卡

3 捲葉尖尾芋
A. cucullata 'Crinkles'

2 斑葉尖尾芋
A. cucullata 'Moon Landing'

4 羽葉觀音蓮
A. lauterbachiana (Engl.) A.Hay
原生地：巴布亞紐幾內亞
種名源自於德國植物學家 Carl Lauterbach 之名。
異名為 *Schizocasia lauterbachiana*。

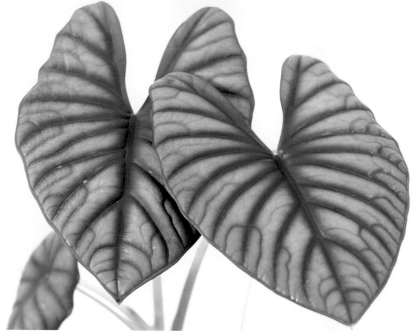

1 魟魚姑婆芋
A. macrorrhizos (L.) G.Don
'Stingray'

2 蘭嶼姑婆芋 / 象耳觀音蓮
'New Guinea Gold'
A. macrorrhizos 'New Guinea
Gold'

3 箭葉觀音蓮 / 福箭觀
音蓮 'Purple Cloak'
A. princeps W.Bull 'Purple
Cloak'

4 霧葉觀音蓮
A. nebula A.Hay
原生地：婆羅洲

1 斑馬觀音蓮
A. zebrina Schott ex Van Houtte
原生地：菲律賓

2 斑葉斑馬觀音蓮
A. zebrina (Variegated)

3 甲骨文觀音蓮 / 長葉犀牛皮觀音蓮
A. scalprum A.Hay
原生地：菲律賓

1 裂葉觀音蓮

A. brancifolia (Schott) A.Hay

原生地：巴布亞紐幾內亞

原本被歸類於 *Schizocasia* 屬，但後來研究發現本物種花序形狀與姑婆芋屬相似，而重新被劃分至姑婆芋屬。株高可達1公尺，葉片三角形，沿葉脈深裂，葉柄為淡綠色，並被覆有深棕色斑點。

2 斑葉象耳觀音蓮／斑葉蘭嶼姑婆芋

A. macrorrhizos (Variegated)

斑葉象耳觀音蓮為斑葉變異之觀賞植物，能讓庭園看起來更明亮清新。生長緩慢，栽培介質忌潮濕，另外，若空氣相對濕度不足，會造成葉緣焦枯，建議與其他觀賞植物種植在一起，以提高空氣相對濕度。

1 微皺葉觀音蓮
Alocasia scabriuscula
原生地：婆羅洲

2 桑德觀音蓮
Alocasia sanderiana W.Bull
原生地：菲律賓

3 小仙女觀音蓮
Alocasia × *mortfontanensis* André 'Bambino Arrow'

雷公連屬 / *Amydrium*

　　屬名源自於希臘文 amydron，意思為淡的、不清楚的，指本屬之模式種植物外觀與別的屬植物十分相似。雷公連屬有 5 個物種，分布於亞洲，所有的物種均為攀緣性藤本植物，會攀附於大樹上，常會被誤認為是黃金葛或是針房藤屬 (*Rhaphidophora*)，算是很少有人認識且研究亦尚少的一個屬。本屬植物耐陰性佳，可種植於盆栽中妝點室內環境，其性喜散射光、排水良好之栽培介質。常以扦插繁殖。

Amydrium zippelianum (Schott) Nicolson
原生地：菲律賓、印尼、巴布亞紐幾內亞

花燭屬（火鶴屬）/Anthurium

　　屬名源自於 2 個希臘文，分別為 anthos 花朵及 ouros 尾巴，指本屬肉穗花序細長有如尾巴。花燭屬有將近 1,000 個物種，分布於中美洲及南美洲。本屬為多年生植物，莖部不會木質化；根系粗大，著生於節間處，隨株齡增加莖部逐漸生長為長柱狀，而根系具有支持功能，避免莖部倒伏。一般人們對於花燭屬植物的認知是欣賞其美麗的佛焰苞，而不知道本屬有許多物種之葉片也具有觀賞價值，這些觀葉型花燭耐陰性佳，除了某些物種需要很高的濕度外，多數適合用來妝點房子，如果真的要在室內栽植對濕度有高需求者，建議選擇體型較小的種類，並且栽培於水族箱或生態玻璃容器內。

明脈花燭 / 圓葉花燭
Anthurium clarinervium Matuda
原生地：巴西
明脈花燭是第一批引進泰國栽培之觀葉類花燭，株高僅約 50 公分，葉片厚、硬，絨質，廣卵狀心形，深綠色，葉脈銀灰色。栽培容易。

1 布朗花燭
A. brownii Mast
原生地：哥倫比亞、哥斯大黎加、巴拿馬

2 斑葉布朗花燭
A. brownii (Variegated)

3 福斯蒂諾花燭
A. faustomirandae Pérez-Farr. & Croat
原生地：墨西哥
天南星科植物專家 Dr. Thomas B. Croat 是發表本物種的研究人員之一，本物種以前曾被命名為 *A. whitelockii*，但後來改名為 *A. faustomirandae*，有許多文獻指出本物種之葉片最大只有 60 公分，但實際上葉片可以長達 1.2 公尺。

1 雪花花燭
A. clavigerum Poepp.
原生地：尼加拉瓜、法屬圭亞那、
巴西、玻利維亞、哥斯大黎加

2
A. bonplandii subsp. *guayanum*
的雜交種。

3
A. bonplandii subsp. *guayanum*
(Variegated) 的雜交種。

1

3

1 豪華花燭

A. luxurians Croat & R.N.Cirino
原生地：哥倫比亞
本物種之特徵為葉片厚，質地如皮革，
心形，深綠色，葉柄呈稜形並具有翼狀
構造。

2 華麗花燭

A. magnificum Linden
原生地：哥倫比亞

3 飄帶花燭 / 書帶花燭 / 垂葉花燭

A. vittariifolium Engl.
原生地：巴西西部
飄帶花燭在野外常攀附於大樹身上，葉
片細長，質地厚、硬，可作為吊盆植物
栽培，栽培容易。

1 穆蘭花燭
A. moonenii Croat & E.G.Gonc
原生地：法屬圭亞那

2 多指花燭
A. polydactylum
原生地：玻利維亞、哥倫比亞、秘魯

3 掌葉花燭
A. pedatum (Kunth) Endl. ex Kunth
原生地：哥倫比亞

4 細裂花燭
A. podophyllum (Cham. & Schltdl.) Kunth
原生地：墨西哥

多根花燭
A. radicans K.Koch & Haage
原生地：巴西、厄瓜多

1 壯麗花燭

A. splendidum W.Bull ex Rodigas
原生地：哥倫比亞
本物種性喜高空氣相對濕度，忌栽培介質過
於潮濕、積水，適合栽培於玻璃櫃內，因為
可以維持空氣相對濕度，並且放置於光線可
照到之處作為環境佈置用。

2 史考特花燭

A. schottianum Croat & R.A.Baker
原生地：哥斯大黎加

3 浪葉花燭

A. plowmanii 'Wave of Love'

1 **維奇花燭 / 火鶴之王**

A. veitchii Mast.

原生地：哥倫比亞

英文俗名為 King Anthurium，野生植株葉片可長達 3 公尺，葉脈具有明顯的洗衣板皺褶，新葉呈紫紅色，花序佛焰苞呈白綠色，性喜高濕度、明亮之散射光環境。園藝栽培之植株體型通常會變得較小，葉片長度不超過 1 公尺，如果栽培於室內，需要與其他觀葉植物種在一起，或是種植於大型缸中，相對濕度較高的環境為宜，並建議環境要維持 18-25°C。

2 **長葉花燭 / 火鶴之后**

A. warocqueanum T. Moore

原生地：哥倫比亞

長葉花燭是另一種較少見之物種，英文俗名為 Queen Anthurium，中文俗名一般被稱為「皇后花燭」或「火鶴之后」。野生植株之葉片長度較國王花燭短，葉片為心形，具有清晰之白色葉脈，性喜高濕度、明亮之散射光環境，如果栽培於室內觀賞用，需要與其他觀葉植物種在一起，並且要維持栽培介質濕潤，或是種植於大型缸中，相對濕度較高的環境為宜，並建議環境要維持 18-25°C。

1 沃特馬爾花燭
A. watermaliense L.H.Bailey & Nash
原生地：哥倫比亞、哥斯大黎加、巴拿馬
種名是源自於比利時一個名叫 Watermall 的
城鎮，也就是本物種從哥倫比亞採集送回歐
洲之地。

2 威廉福特花燭
A. willifordii Croat
原生地：祕魯
種名源自於 Jack Williford 之名，他是首位
採集得本物種之活體標本者。本物種為附生
型植物，在野外著生於雨林之大樹分枝上。

3 威爾登諾花燭
A. willdenowii Kunth
原生地：千里達及托巴哥共和國

Anthurium 'King of Kings'
為葉片金黃色之花燭雜交種，在西元 2017 年泰國九世王
普密蓬‧阿杜德火化葬禮儀式中，被拿來裝飾皇家火葬亭
建築群中的頌曇御閣 (Songtham Throne Hall)。

1

Anthurium 'Black Velvet'

2

A. marmoratum Complex
本品種由南美洲出口時，出口名稱為 *A. marmoratum* 'Complex'，包含許多物種如 *A. marmoratum*、*A. dolichostachyum*，所以無法確定是哪一個物種。

1 箭矢形葉之雜交花燭
Anthurium hybrid

2 魷魚觸手葉之雜交花燭
Anthurium hybrid

3 恐龍掌狀葉之雜交花燭
Anthurium hybrid

4 羽裂狀葉之雜交花燭
Anthurium hybrid

1 蔓性皺葉之雜交花燭
Anthurium hybrid
本雜交花燭是由 *A. radicans* 與 *A. dressleri*
雜交所育成。

3 雜交花燭
Anthurium hybrid

2 比也那花燭
Anthurium villenoarum
原生地：祕魯

4 斑葉雜交花燭
Anthurium hybrid (Variegated)

彩葉芋屬 /*Caladium*

屬名源自於 kale 或 kaladi，是原生地馬來西亞住民用來稱呼本屬的名稱。彩葉芋屬有 14 個物種，分布於中美洲及南美洲熱帶地區。

本屬植物之特徵為全株肉質，具有球形之地下塊莖；葉片具有斑紋，葉形有心形、卵圓形及批針形，葉色多變，有紅色、黃色、綠色、粉紅色、白色，葉柄圓形，有長葉柄亦有短葉柄，有些物種或品種之葉柄特化出有如小葉片的構造；花序為佛焰花序，肉穗上有可稔之雄花與雌花，介於兩者之中間區域則為不稔花，傍晚至早晨開花，具有淡淡的香氣。常以分株或分割塊莖方式繁殖，如果需要進行雜交育種，只能以種子繁殖。

泰國栽培彩葉芋的歷史長達數百年，最早可追溯至素可泰王朝時期。另外，在拉瑪五世 (即朱拉隆功大帝) 遊歷歐洲結束之後，帶了許多外國物種回泰國種植，其中就包含了彩葉芋，但隨著時間過去，彩葉芋仍然持續受到大家歡迎與喜愛，而在西元 1982 年成立了泰國彩葉芋協會 (Caladium Association of Thailand)，有許多會員同心協力的致力於育種，最終成功獲得許多新的雜交子代，讓彩葉芋獲得「觀葉植物之后」的稱號，同時有大量的雜交子代被登記註冊與命名，算一算有多達上千種，這些新品種常會被分群歸類，分類大致上有文學著作如昆昌昆平、拉瑪堅、伊瑙、三國之角色類，或是歷史名人類以及各個府之名稱類，截至今日，由泰國人育成之彩葉芋品種應該已經超過 5,000 種了。

彩葉芋屬植物性喜高濕、散射光之環境，在冬季氣溫降低時會落葉，只留下塊莖並進入休眠，直到春天氣溫回升時再萌芽恢復生長，所以前人就常將彩葉芋種在簡易小溫室中以維持濕度及溫度穩定，如此植株才能全年生長。

如果需要在室內種植彩葉芋，需要選一個光線充足、溫度不會過低的地方，因為如果溫度過低，彩葉芋會落葉並進入休眠，此外還需要挑選生性強健之品種，大多數強健者為老品種，例如 'Thai Beauty' 泰國美人，如果是體型較小的雪花彩葉芋 (*Caladium humboldtii*)，則可以栽植於倒置的玻璃器皿或生態玻璃容器內，然後再用來妝點室內。另外，室內栽培時還需要常常旋轉盆器，讓彩葉芋受光均勻，以避免植株因向光性生長而使姿態歪斜，且每周要將彩葉芋移至戶外曬太陽與換空氣，如此植株才會生長得健壯美麗，如果彩葉芋落葉進入休眠，則需要停止澆水，將盆栽移至溫度較溫暖的戶外，並且接受更多的陽光照射，等到植株再次萌芽生長茁壯後，再移回室內佈置。

1 雪花彩葉芋
Caladium humboldtii (Raf.) Schott
原生地：巴西、委內瑞拉
種名是源自於德國自然歷史學家亞歷山大·馮·
洪保德 (Alexander von Humboldt) 之名，因為
容易栽培繁殖、生性強健且耐候性佳，所以是
從數十年前至今日均十分受歡迎的原生種彩葉
芋，其性喜較強的光線，但應避免烈日直曬。

2 乳脈彩葉芋
C. lindenii (André) Madison
原生地：哥倫比亞、巴拿馬
原先被歸類於千年芋屬 (*Xanthosoma*)，現今被
分類為彩葉芋屬，種名源自於比利時植物學家
Jean Jules Linden 之名，栽培容易且耐陰，適
合室內栽培。

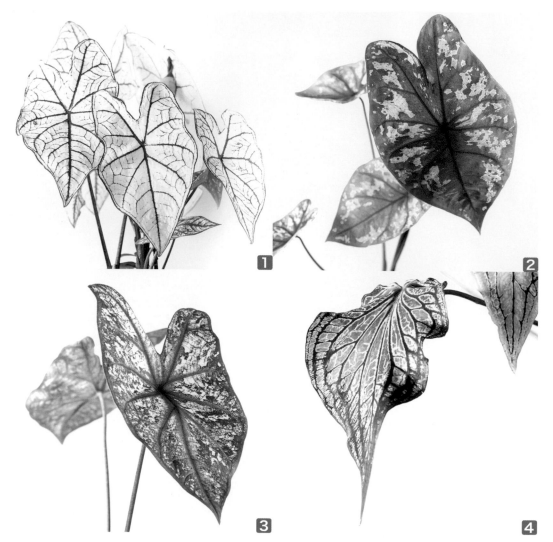

1 白雪彩葉芋
Caladium 'Candidum'
本品種栽培歷史悠久，至今日仍有流通作為
觀賞植物佈置使用。

3 冰火彩葉芋
Caladium 'Fire & Ice'

2 卡羅琳沃頓彩葉芋
Caladium 'Carolyn Whorton'

4 臥龍／臥龍先生／泰國美人
Caladium 'Thai Beauty'
臥龍先生是泰國十幾年前所育成之品種，是
永遠不退流行的品種。

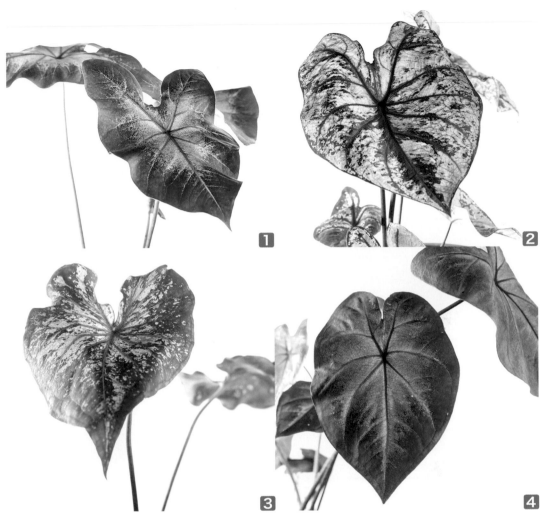

1 Caladium 'Freida Hemple'

2 Caladium 'Lace Whorton'

3 粉紅美人彩葉芋
Caladium 'Pink Beauty'

4 喬伊納彩葉芋
Caladium 'Postman Joyner'

鞭藤芋屬 /*Cercestis*

　　屬名源自於希臘文 Cercestes，是埃及國王埃古普托斯 (Aegyptus) 的兒子之一。本屬約有 10 個物種，分布於非洲。鞭藤芋屬植物之葉片為批針形或心形，有些物種成熟時，成熟葉之葉形會改變。本屬植物栽培容易且耐陰，但需栽培於光源穩定之處。

網紋芋 / 非洲面具
Cercestis mirabilis (N.E.Br.) Bogner
原生地：肯亞、加彭、烏干達、喀麥隆、安哥拉
網紋芋小時候葉片形狀為心形，狀似彩葉芋，綠色的葉面上有著醒目的白色斑紋，當植株長大後成熟葉十分巨大，且呈現裂葉姿態，而斑紋會消失，使葉片呈全綠色。此外，植株生長型態一開始為單叢，後來隨株齡增長，植株會長出走莖擴張地盤，當走莖接觸到土壤就會長出小植株。

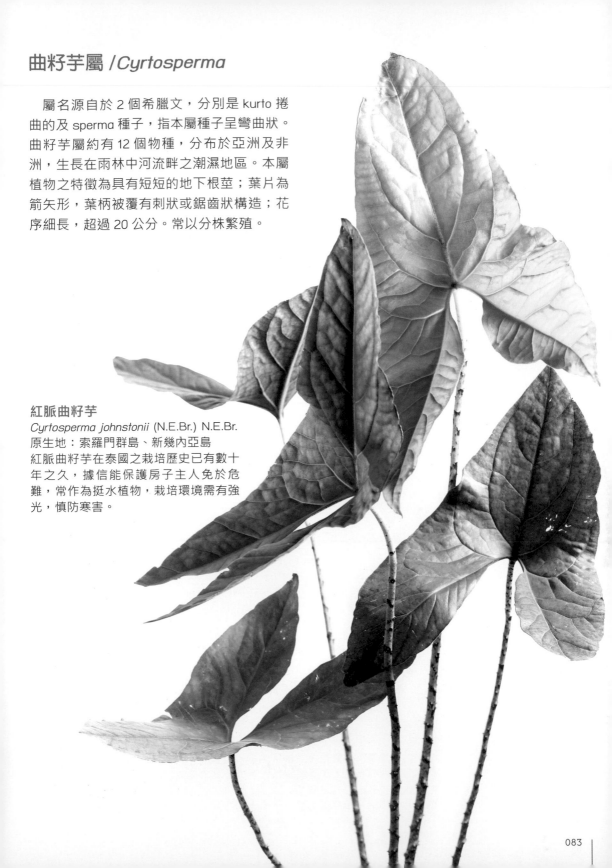

曲籽芋屬 / *Cyrtosperma*

　　屬名源自於 2 個希臘文，分別是 kurto 捲曲的及 sperma 種子，指本屬種子呈彎曲狀。曲籽芋屬約有 12 個物種，分布於亞洲及非洲，生長在雨林中河流畔之潮濕地區。本屬植物之特徵為具有短短的地下根莖；葉片為箭矢形，葉柄被覆有刺狀或鋸齒狀構造；花序細長，超過 20 公分。常以分株繁殖。

紅脈曲籽芋
Cyrtosperma johnstonii (N.E.Br.) N.E.Br.
原生地：索羅門群島、新幾內亞島
紅脈曲籽芋在泰國之栽培歷史已有數十年之久，據信能保護房子主人免於危難，常作為挺水植物，栽培環境需有強光，慎防寒害。

黛粉葉屬（花葉萬年青屬）/*Dieffenbachia*

　　屬名源自於維也納植物園植物學家 Joseph Dieffenbach 之名。本屬約有 56 個物種，主要分布於中美洲。花葉萬年青屬物種為中型多年生植物，具有明顯的莖節；單葉互生，葉片先端銳，並具有不同之斑紋，隨株齡增加，老葉脫落，葉片僅著生於莖幹近先端部位；全株具有毒性之草酸鈣 (calcium oxalate) 乳汁，如果誤食嘴巴會有刺痛、聲帶麻痺等症狀，造成無法說話，所以英文俗名為 Dumb Cane，中文則有啞蕉之稱。本屬植物在泰國很常見，據說有刀槍不入的功效，拳手及幫派份子會把莖幹切片，用新鮮的羅望子包裹後吞下，使皮膚、手腳麻痺、喉嚨腫脹刺痛、舌頭麻痺不靈活、無法說話，相信如果受刀械攻擊，只會造成瘀傷。

　　花葉萬年青屬很適合作為觀賞植物栽培，不論種植於戶外還是室內，均能生長良好，其性耐陰，喜散射光，能栽植於光少之環境中，以前曾十分受歡迎，但如今花市上只剩下少數幾個品種而已。

革葉黛粉葉
Dieffenbachia daguensis Engl.
原生地：北美洲及南美洲之熱帶地區
泰國自古即有栽培，被稱為南帕雅洪沙瓦底 (Nang Phaya Hongsawadee)，源自於緬文，意思是殭屍女王或女巫，相傳如果種植本物種的人聽到淒厲的聲音會帶來不幸，如今在花市上已經十分少見。

1 黛粉葉 / 大王黛粉葉
D. seguine (Jacq.) Schott
原生地：北美洲及南美洲熱帶地區
原名為 *D. maculatum*，本物種之特徵為植株
可高達 2 公尺，葉片具有稀疏的白色斑塊
或斑紋，且分佈與樣式多變，葉基鈍形或尖
形，葉柄長度較葉面短，葉柄為綠色或具有
稀疏的白色斑點。

2 白斑黛粉葉
D. seguine 'Nobilis'

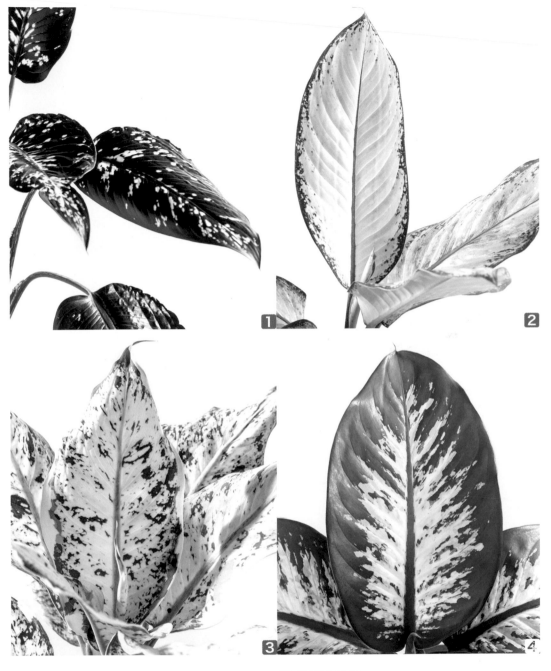

1 壯麗黛粉葉
Dieffenbachia × splendens

2 乳羅黛粉葉
D. seguine 'Rudolph Roehrs'

3 綠雪黛粉葉／蔓玉萬年青
D. seguine 'Superba'

4 夏雪黛粉葉／馬王萬年青
D. seguine 'Tropic Snow'

白脈黛粉葉
D. seguine
原名為 *D. barraquiniana*，是自古就很受大家喜歡、
廣為栽培的觀賞植物，相傳能增加權勢、運勢以及
讓身體刀槍不入。

1 銀道黛粉葉
D. seguine 'Wilson's Delight'

2 綠霸王黛粉葉
Dieffenbachia 'Big Ben'

3 綠玉黛粉葉
Dieffenbachia 'Tropic Marianne'

1

Dieffenbachia hybrid

2

Dieffenbachia 'Arvida'
本品種莖部節間短，株型矮小，
不會徒長，有些參考文獻將之稱
為 *Dieffenbachia* 'Exotica'。

3

Dieffenbachia hybrid

1 - **6** 雜交黛粉葉
Dieffenbachia hybrid
有非常多的品種，常被賣家取新的吉祥名字，以增加銷售量，例如波羅蜜、
大富豪、開運等。

拎樹藤屬 /*Epipremnum*

　　屬名源自於 2 個希臘文，分別是 epi 在上面及 premnon 樹幹，指本屬植物攀附向上生長。拎樹藤屬分布於東南亞至太平洋群島，總共有 15 個物種，為蔓生植物或附生植物，幼葉與成熟葉之形狀不同，且當植株攀附時，攀附莖上之葉片會較未攀附者大。本屬植物因為生性強健，且戶外及室內皆適合栽植，所以在泰國是非常受歡迎栽培的觀賞植物。扦插繁殖難度低。

黃金葛

Epipremnum aureum (Linden & André) G.S.Bunting
原生地：法屬玻里尼西亞
原先被歸類為柚葉藤屬 (*Pothos*)，因人類活動而歸化於孟加拉、尼泊爾、巴基斯坦、印度、斯里蘭卡及澳洲等地區。黃金葛之莖部蔓生於地面或攀附於高大的喬木，可長達 15 公尺，節間明顯可見；葉片心形，深綠色，當植株攀附於喬木或牆壁上時，葉片會變大，且葉形亦會改變，葉緣全緣，或呈羽裂狀，英文俗名又被稱為 golden pothos、Devil's Ivy 或 Hunter's Robe 等。
黃金葛常作為室內植物，可種植於花瓶及盆栽等容器內，有的人甚至會栽培於玻璃櫃內或魚池中，以吸收水中的亞硝酸鹽及排泄物。黃金葛目前有許多突變之品種，例如噴點、黃金葉色、白斑、捲葉等變異，是全世界最流行的觀賞植物，但要注意別讓家中的寵物誤食，因為黃金葛的乳汁中含有草酸鈣 (calcium oxalate)，如果誤食會有刺痛、發炎、嘔吐等症狀。

白金葛
Epipremnum aureum 'Pearls and Jade®'

1 大理石皇后
E. aureum 'Marble Queen'

2 黃金葛
E. aureum

3 霓虹黃金葛
E. aureum 'Neon'

香格里拉黃金葛
E. aureum 'Shangri-La'

春雪芋屬（扁葉芋屬／千年健屬）/*Homalomena*

　　屬名源自於 2 個希臘文，分別為 homalos 扁平的及 mena 針，指本屬雄蕊尖銳、細長。春雪芋屬有超過 120 個物種，分布於南亞及拉丁美洲一帶，南亞的坦米爾人以之為藥草已有三千年的歷史。許多品種被認為具有提升人緣的功用，並能獲得大家的喜愛與幫助。

　　春雪芋屬植物為小型叢生植物，具有短短的地下根莖；葉片為卵形、心形或箭矢形，光滑或被覆有毛狀物，有些物種具有斑紋，葉柄或短或長；雌雄異花同株，花香為八角味；果實為白色、綠色、棕色或紫紅色。本屬植物大多數在潮濕環境下能生長良好，有許多物種能以水生栽培而不會腐爛死亡，性喜散射光，耐陰，適合在光線少的環境中作為觀賞植物，而且能生長得非常好。常以分株繁殖。

註 在 2016 年有植物學家將產於美洲的種類，從 *Homalomena* 屬
　　獨立至新屬 *Adelonema*（南美春雪芋屬）。

毛柄南美春雪芋
Homalomena crinipes Engl.
原生地：自厄瓜多、祕魯至玻利維亞之
南美洲西部

註 現已歸入 *Adelonema* 屬。

1
H. expedita A.Hay & Hersc.
原生地：婆羅洲
株高可達 60 公分，性喜潮濕
之環境，可栽培於花瓶中並
用於妝點室內環境。

2
H. lindenii (Rodigas) Ridl.
原生地：新幾內亞島

3 心葉春雪芋
H. rubescens (Roxb.) Kunth
原生地：印度、緬甸

4 斑葉心葉春雪芋
H. rubescens (Variegated)

5
Homalomena 'Sunshine Gem'

1 彩南美春雪芋
H. wallisii Regel
原生地：委內瑞拉、哥倫比亞、巴拿馬
種名是源自於植物學家暨外科醫師納薩尼爾·瓦立池 (Nathaniel Wallich) 之名，因為其葉片上之斑紋形狀，所以英文別名為 Silver Shield，葉背為淡紫紅色，但如果栽培於光線較少的地方，葉背則會呈現綠色。

2
H. wallisii Regel 'Mauro'
原生地：委內瑞拉、哥倫比亞、巴拿馬

3 絲絨南美春雪芋
Homalomena 'Selby'
葉片大，形狀如同黛粉葉屬植物 (*Dieffenbachia* spp.)。

註 以上 1-3 現已歸入 *Adelonema* 屬。

龜背芋屬（蓬萊蕉屬）/*Monstera*

　　屬名源自於拉丁文 monstrum，意思是怪異的、不正常的，指本屬植物葉片相較於一般的植物看起來很不一樣。龜背芋屬約有 50 個物種，分布於北美洲及南美洲之熱帶地區，本屬為蔓生植物，幼葉與成熟葉之形狀不同，幼葉全緣，但成熟葉呈羽裂狀或具有孔洞，與天南星科裡的許多屬相似，例如藤芋屬 (*Scindapsus*)、針房藤屬 (*Rhaphidophora*) 及柚葉藤屬 (*Pothos*) 等。本屬植物之特徵為花序之肉穗短，兩性花，栽培容易，生性強健，適合作為室內植物，有許多人會種植於戶外，讓其附生於立柱或喬木上生長。以枝條扦插繁殖。

窗孔龜背芋
Monstera adansonii
原生地：南美洲北部
窗孔龜背芋有葉片形狀多樣，以前依不同的葉型，有些被分類為不同的物種，例如 *M. expilata*、*M. falcifolia*、*M. sagotiana*。

1 龜背芋

M. deliciosa Liebm.

原生地：墨西哥南部、巴拿馬

龜背芋植株年幼時其之葉片為心形，但成熟時會呈羽狀裂葉，且葉面會有零星的穿孔，如同起司上的孔洞，所以又別名為 Swiss Cheese Plant 或 Windowleaf。本物種生長於海拔 1,500-2,100 公尺高之地區，是生性十分強健之觀賞植物，非常適合將葉片切下扦插於花瓶中，用於點綴室內環境，所以龜背芋在全世界都非常受到喜愛。除了一般的葉片全綠品種外，也有黃斑及白斑變異品種。

2 黃斑龜背芋

M. deliciosa 'Aureo-variegata'

3 白斑龜背芋

M. deliciosa 'Albo-variegata'

1 花葉龜背芋
M. dubia
原生地：墨西哥
花葉龜背芋生長速率緩慢，栽培時需要高空氣相對濕度及散射光源。

2 斑葉祕魯龜背芋
Monstera sp. 'Peru'
(Variegated)
原生地：委內瑞拉、哥倫比亞、巴拿馬

3 祕魯龜背芋
Monstera sp. 'Peru'
原生地：委內瑞拉
一般大家所熟知的名稱為 *M. karstenianum*，但這並非正式的學名，國外稱其為 *Monstera* sp. 或 *Monstera* sp. 'Peru'，推測應該是屬於 *M. pinnatipartita* 的一個品型。

4 翼葉龜背芋
M. standleyana G.S.Bunting
原生地：哥斯達黎加、巴拿馬、尼加拉瓜、宏都拉斯
翼葉龜背芋莖幹為蔓性，可長達 4-5 公尺，常以吊盆栽培，讓枝條呈下垂之姿態。

5 斑葉翼葉龜背芋
M. standleyana (Variegated)

蔓綠絨屬（喜樹蕉屬 / 喜林芋屬）/*Philodendron*

　　屬名源自於 2 個希臘文，分別為 phileo 愛及 dendron 樹，指本屬植性喜依附大樹生長。蔓綠絨屬有超過 450 個物種，分布於南美洲。本屬植物有叢生與攀附樹木之生長型態；葉片形狀多樣化，包含單葉全緣及羽狀裂葉，而且年幼時期與成熟時期之葉片型態也不一樣。

　　蔓綠絨屬植物因為有著多樣化的葉片，所以成為許多世界著名藝術家的創作靈感泉源，例如法國野獸派大師亨利·馬諦斯 (Henri Matisse)，以及巴西園藝暨景觀設計大師羅伯托·布雷·馬克思 (Roberto Burle Marx)，他們在藝術作品中取用蔓綠絨的葉片，這讓西元 20 世紀的設計師開始覺得蔓綠絨非常適合應用於現代化的場合，除此之外，蔓綠絨亦反映出了美國在第二次世界大戰之後的國家、文化及性別認同的變化。

　　蔓綠絨屬植物之特徵為乳汁含有草酸鈣 (calcium oxalate)，聞起來具有特殊的味道，如果不小心誤食，會出現口腔及喉嚨會疼痛、呼吸困難之症狀，但加勒比海域及拉丁美洲之當地住民則是將本屬植物當作藥草使用，另外，巴西亞馬遜流域的卡哈拉人 (Karajá) 會取蔓綠絨莖蔓之纖維，作為頭冠中用來固定羽毛之基座。

　　蔓綠絨能適應泰國之氣候，並能生長良好，所以一般或稀有的物種在室內皆可栽培，且維護難度低。常以扦插或分株繁殖。

註　蔓綠絨屬內有一部分原來被分到近緣 *Thaumatophyllum* 鵝掌芋屬，但最近 International Aroid Society 國際天南星科協會主張要回到蔓綠絨屬內。

平柄蔓綠絨
Philodendron applanatum G.M.Barroso
原生地：祕魯、巴西、哥倫比亞

1 橙柄蔓綠絨 / 橘柄蔓綠絨

P. billietiae Croat

原生地：法屬圭亞那、巴西

種名源自於比利時梅瑟植物園 (Meise Botanic Garden) 照顧植物的植物學家 Frieda Billiet 之名，他在 1981 年於法屬圭亞那發現並採集本物種。橙柄蔓綠絨分布於海拔 100-400 公尺少數地區，生長在地面上或大樹上，成株之葉片可長達 1 公尺。本物種生性強健，栽培容易，常以扦插繁殖。

2 斑葉橙柄蔓綠絨

P. billietiae (Variegated)

3 亞他巴波蔓綠絨

P. atabapoense G.S.Bunting

原生地：巴西、委內瑞拉

首位在 30 餘年前引進本物種的人為 Bankampu Tropical Gallery & Cafe 的 Surath Vanno 老師。形狀與突變自橙柄蔓綠絨之褐柄蔓綠絨相似，但本物種葉片較為柔軟。

1 春羽／大天使蔓綠絨
P. bipinnatifidum Schott
ex Endl.
原生地：巴西

2 春羽／大天使蔓綠絨
P. bipinnatifidum 'Super Atom'

3 美讓蔓綠絨
P. mayoi (Variegated)

4 斑葉火之戒蔓綠絨
Philodendron 'Ring of Fire'
(Variegated)

5 獨角獸蔓綠絨
Philodendron 'Burle Marx'

6 斑葉獨角獸蔓綠絨
Philodendron 'Burle Marx'
(Variegated)

琴葉蔓綠絨

P. bipennifolium Schott

原生地：巴西、法屬圭亞那、哥倫比亞、厄瓜多、委內瑞拉、祕魯

本物種常被誤以為是 *P. panduriforme*（中文俗名亦稱為琴葉蔓綠絨），兩葉基尖端為銳形、葉裂較淺，但 *P. panduriforme* 之兩葉基尖端呈圓弧形、葉裂較深。琴葉蔓綠絨葉片型態多變，是栽培容易的蔓生蔓綠絨。栽培於盆器中應有立柱供其攀附生長。

1 孔多爾坎基蔓綠絨
P. condorcanquense Croat
原生地：祕魯

2 紫背蔓綠絨
P. cruentum Poepp.
原生地：祕魯

3 斑葉紫背蔓綠絨
P. cruentum (Variegated)

4 漸紅蔓綠絨
P. erubescens K.Koch &
Augustin 'Light of Zartha'

5 黃金鋤葉蔓綠絨 /
　　金鋤蔓綠絨
P. erubescens 'Lemon Lime'
黃金鋤葉蔓綠絨在泰國之栽
培歷史悠久，並且有許多不
一樣的品種名，例如 'Ceylon
Golden'、'Gold' 及 'Golden
Emerald' 等。

6 斑葉黃金鋤葉蔓綠絨 /
　　斑葉金鋤蔓綠絨
P. erubescens (Variegated)

7 艾斯梅拉達蔓綠絨
P. esmeraldense Croat

8 紅苞巨葉蔓綠絨
P. giganleum Schott
原生地：多明尼加、波多黎
各、千里達及托巴哥共和國

9 斑葉紅苞巨葉蔓綠絨
P. giganteum (Variegated)

1 鵝掌蔓綠絨
P. goeldii G.M.Barroso
原生地：委內瑞拉、哥倫比亞、蘇利南共和國、巴西、祕魯

2 葛瑞席拉蔓綠絨
P. grazielae G.S.Bunting
原生地：祕魯、巴西

3 矛葉蔓綠絨
P. hastatum K.Koch & Sello
原生地：巴西

4 心葉蔓綠絨
P. hederaceum (Jacq.) Schott
var. *oxycardium* (Schott) Croat
原生地：中美到南美北部

5 斑葉心葉蔓綠絨
P. hederaceum var. *oxycardium*
'Brasil'

6 黃金心葉蔓綠絨
P. hederaceum var. *oxycardium*
'Gold'

7 雷曼蔓綠絨
P. lehmannii Engl.
原生地：哥倫比亞

8 扁柄錦緞蔓綠絨
P. gloriosum (Flat petiole)
原生地：哥倫比亞

9 美蓮諾蔓綠絨
P. melinonii Brongn. ex Regel
'Gold'

1 普洛蔓綠絨
P. plowmanii

2 立葉蔓綠絨
P. martianum Engl.
原生地：巴西
原名為 *P. cannifolium*，見於巴西臨大西洋
東南沿岸一帶之雨林中，攀附於大樹上或者
生長於地面上，成年後植株直徑可超過2公
尺，葉片厚、革質，葉序呈蓮座狀。

3 雲斑金龍蔓綠絨
Philodendron 'Lime Fiddle'

1 龍爪蔓綠絨 / 掌裂蔓綠絨
P. pedatum (Hook.) Kunth
原生地：玻利維亞、厄瓜多、哥倫比亞、蓋
亞那共和國、蘇利南共和國、法屬圭亞那、
巴西

2 斑葉龍爪蔓綠絨 / 斑葉掌裂蔓綠絨
P. pedatum 'Florida Beauty'
本品種大家熟知之名稱為佛州蔓綠絨。

3 綿毛蔓綠絨 / 鱗葉蔓綠絨 /
　　紅毛柄蔓綠絨
P. squamiferum Poepp.
原生地：祕魯、厄瓜多、哥倫比亞、蘇利南
共和國、委內瑞拉、巴西、法屬圭亞那
綿毛蔓綠絨分布範圍廣，且葉片形狀有多種
變化，植株附生於大樹上生長，形狀與龍爪
蔓綠絨 (*P. pedatum*) 相似，但本物種之葉柄
被覆有紅色剛毛。綿毛蔓綠絨在西元 1950-
1960 年代十分受到歡迎，後來逐漸退流行，
現今泰國有生產組織培養苗外銷至歐洲。本
物種性喜潮濕，栽培容易，常以扦插繁殖。

1
Philodendron
'Henderson's Pride'

2 優雅蔓綠絨
P. elegans

3 豬皮蔓綠絨
P. rugosum

4 豬皮蔓綠絨（變異型）
P. rugosum (Aberrant Form)

5 蛇行蔓綠絨
P. serpens

6 粉紅公主蔓綠絨
Philodendron 'Pink Princess'
不確定本物種之身世歷史，
有人將其與其他觀葉植物一
起引進泰國栽培超過 30 年之
久。粉紅公主蔓綠絨之葉斑
尚不穩定，建議經常去頂，
以促進產生更多具有葉斑之
葉片。

聖靈蔓綠絨
P. spiritus-sancti G.S.Bunting
原生地：巴西
本物種曾經名為 *Philodendron* 'Santa Leopoldina'，分布
於巴西靈州海拔 800 公尺高之地區，為半附生植物，種
子會掉落至地面，發芽後隨著生長會慢慢攀附上大樹以
獲取日照，是極為稀少難覓的蔓綠絨物種之一。已瀕臨
絕種，因為原生棲地遭受農耕破壞，野生植株僅剩 6 株，
所幸此 6 株均位於私人農場，並受到良好的保護。

1 深綠泰特蔓綠絨
P. tatei K.Krause subsp. *melanochlorum*
(G.S.Bunting) G.S.Bunting
原生地：祕魯、委內瑞拉
在市面上被稱為 *Philodendron* 'Green Congo'。

2 紅剛果蔓綠絨
Philodendron 'Rojo Congo'
本品種是由 *P. tatei* 與紅帝王蔓綠絨
(*Philodendron* 'Imperial Red') 雜交所育成。

3 斑葉紅剛果蔓綠絨
Philodendron 'Rojo Congo' (Variegated)

4 鉑金蔓綠絨 / 白線蔓綠絨
Philodendron 'Birkin'

1 沃斯威茲蔓綠絨
P. warszewiczii K.Koch & C.D.Bouché
原生地：墨西哥、宏都拉斯、瓜地馬拉、
尼加拉瓜
本物種分布於乾燥常綠森林，生長在海拔
300-1,900 公尺高之岩石區或攀附於大樹
上，乾季時如果空氣中濕度不足，植株會
落葉，僅留存莖幹部分，當下雨時才會再
萌發新芽。

2 魚骨蔓綠絨
P. tortum M.L.Soares & Mayo
原生地：巴西
有時會誤認是 *P. elegans*。

1 鳥巢蔓綠絨
P. wendlandii Schott
原生地：中美洲

2 狹葉蔓綠絨
P. stenolobum
原生地：中美洲

3 三裂蔓綠絨
P. tripartitum (Jacq.) Schott
原生地：墨西哥、哥斯大黎加、巴拿馬、巴西、厄瓜多

4 刺柄蔓綠絨 / 花葉蔓綠絨
P. verrucosum L.Mathieu ex Schott
原生地：巴拿馬、哥斯大黎加、祕魯、厄瓜多、哥倫比亞
種名是指葉柄上之毛狀物。刺柄蔓綠絨分布於海拔 50-2,000 公尺高之森林，但主要是見於海拔約 500 公尺高之範圍，生長在地面並攀附上大樹以追尋光照，栽植時可以立支柱讓其攀附，或栽種於吊盆中。

1 佛手蔓綠絨 / 奧利多蔓綠絨 /
　　小天使蔓綠絨 / 羽裂蔓綠絨
P. xanadu Croat, Mayo & J.Boos
原生地：巴西
許多人相信佛手蔓綠絨是西元 1983 年起源於澳洲
西部的一個種苗場，但有些人則推測是肋葉蔓綠絨
(*P. bipinnatifidum*) 在野外產生之天然雜交子代。
佛手蔓綠絨有許多商品名，並且有些名稱是有註冊
在其他國家受到品種保護。
後來有人研究發現佛手蔓綠絨其實並非雜交子代，
而是源自於巴西森林中野採的種子，在西元 2002
年才發表為蔓綠絨屬之新物種，並且以原本的商品
名命名為種名。本物種因為有特殊的葉片形狀、植
株形態、生性強健且適合作為室內觀賞植物，所
以是最受歡迎的蔓綠絨物種之一。常以組織培養繁
殖，以在短時間內獲得大量的植株。

2
P. xanadu 'Golden'

1 淺裂蔓綠絨
Philodendron × evansii
淺裂蔓綠絨是由 Evans and Reeves Nursery 以 *P. bipinnatifidum* 與 *P. speciosum* 雜交所育成，並在西元 1952 年開始販售，是曾經流行過一段時期之大型蔓綠絨，但如今已是十分少見的舊品種。

2 安琪拉蔓綠絨
Philodendron 'Angela'
本品種是由鵝掌蔓綠絨 (*P. goeldii*) 與狹葉蔓綠絨 (*P. stenolobum*) 雜交所育成。

3 黑主教蔓綠絨
Philodendron 'Black Cardinal'

4 斑葉黑主教蔓綠絨
Philodendron 'Black Cardinal' (Variegated)

5 華麗蔓綠絨
P. luxurians

6
Philodendron sp. 'Ecuador'
原生地：厄瓜多

喬普蔓綠絨

Philodendron × joepii

原生地：法屬圭亞那

喬普蔓綠絨十分少見，其葉片基部內凹呈不規則波浪狀，貌似被昆蟲危害啃食過，與其他蔓綠絨屬植物非常不同。喬普蔓綠絨是由荷蘭自然歷史學家 Joep Moonen 所發現，他只發現了 2 株，由於植株形狀和在巴西羅伯托·布雷·馬克思 (Roberto Burle Marx) 的園區中所蒐集種植之琴葉蔓綠絨 (*P. bipennifolium*) 與龍爪蔓綠絨 (*P. pedatum*) 天然雜交子代十分相似，所以推測是在野外自然產生之天然雜交種。喬普蔓綠絨常被認為是 *P. moonenii*，但實際上尚未確認到底是什麼物種，所以暫時先以首位發現者 Joep Moonen 的名字命名。

1 金帝王蔓綠絨
Philodendron 'Imperial Gold'

2
Philodendron sp. 'Peru'
原生地：祕魯

3 坎普蔓綠絨
Philodendron campii 'Lynette'

4 月光蔓綠絨
Philodendron 'Moonlight'

5 雜交蔓綠絨
Philodendron hybrid
本雜交蔓綠絨源自於泰國。

6 雜交蔓綠絨
Philodendron hybrid
本雜交蔓綠絨源自於泰國，由
大天使蔓綠絨 (*P. pinnatifidum*)
與月光蔓綠絨 (*Philodendron*
'Moonlight') 雜交，並從子代
中選出 2 個斑葉個體來繁殖，
第一個個體的色斑較不明顯，
而第二個個體之色斑則十分
清楚醒目。

7 雜交蔓綠絨
Philodendron hybrid

8 雜交矮性蔓綠絨
Philodendron hybrid (Dwarf)

9 雜交斑葉矮性蔓綠絨
Philodendron hybrid
(Variegated)

針房藤屬（崖角藤屬）/ *Rhaphidophora*

　　屬名源自於 2 個希臘文，分別為 raphis 針，指毛狀厚壁細胞 (Trichosclereids) 中之針狀草酸鈣結晶，而 phora 意思為具有、帶有，合在一起指本屬植物細胞內具有針狀結晶。針房藤屬約有 100 個物種，分布於東南亞。本屬為大型蔓生植物，莖部節間處易長出氣生根；年幼時之葉片為心形或橢圓形，當植株長大後葉片會明顯轉變為別種形狀，例如有些物種成熟葉片會具有孔洞，有些物種成熟葉則為裂片狀。在栽培上，常讓針房藤屬植物攀附於木板、牆壁、大樹上，或者栽植於生態玻璃容器內作為觀賞用，其性喜散射光，十分耐陰。常以枝條扦插繁殖。

洞葉針房藤
Rhaphidophora foraminifera (Engl.) Engl.
原生地：馬來西亞、婆羅洲及蘇門答臘島

1 狹葉針房藤屬植物
R. angustata

2 姬龜背芋
R. tetrasperma Hook.f.
原生地：泰國、馬來西亞

1 銀脈針房藤 /
銀脈崖角藤
R. cryptantha P.C.Boyce &
C.M.Allen
原生地：巴布亞紐幾內亞

2 哈氏針房藤
R. hayi
原生地：新幾內亞到昆士蘭

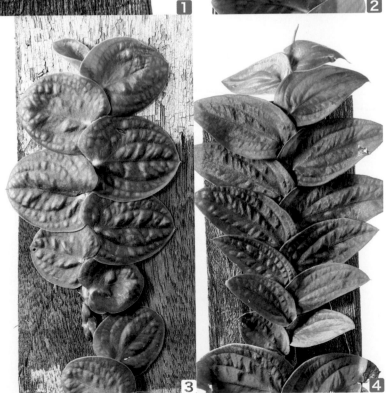

3-4 科索爾針房藤
R. korthalsii
原生地：婆羅洲

藤芋屬 / *Scindapsus*

　　屬名源自於希臘文 skindapsos，意思為附生於樹上，指本屬植物性喜攀附於大樹上。藤芋屬目前有超過 35 個物種，分布於東南亞至澳洲一帶。本屬為蔓生植物，特徵為氣生根由蔓生莖之節位長出，可協助植株攀附生長；葉片為心形，左右互生於同一平面上。

　　藤芋屬植物受到喜愛，不論是栽種於吊盆或讓其攀附於潮濕冷涼的牆壁上，其生性強健，性喜散射光，栽培容易。以枝條扦插繁殖。

星點藤
Scindapsus pictus Hassk. 'Argyraeus'
原生地：馬來西亞、印尼
本物種之特徵為葉片具絨質感，且具有銀白色之斑紋，斑紋多變，小至斑點狀，大至滿布葉面之斑塊，所以英文俗名被稱為 Satin Pothos。

綠銀藤芋
Scindapsus treubii 'Moonlight'

白鶴芋屬 / *Spathiphyllum*

　屬名源自於 2 個希臘文，分別為 spathe 佛燄苞及 phyllon 葉片，指本屬植物葉片形狀似湯匙。白鶴芋屬約有 40 個物種，分布於熱帶北美洲及南美洲與東南亞。本屬為多年生草本植物，具有地上短縮莖及地下根莖；單葉互生，但呈環繞莖幹之姿態；花序著生於葉腋處，具有顯眼的白色佛燄苞環繞於肉穗外，並且具有類似雌性黑腹果蠅費洛蒙的氣味，所以能吸引果蠅前來，如在果園中種植本屬植物吸引果蠅，可避免果蠅去叮咬果樹的果實。

　西元 1870 年，歐洲開始引進白鶴芋屬物種作為觀賞植物，並且育成有許多形狀不同之品種，為受歡迎的觀賞植物，適合栽種於戶外及室內。生性強健，冬季不會休眠，性喜散射光，忌強光直曬，栽培介質應常保濕潤。

Spathiphyllum 'Mauna Loa Supreme'

1
Spathiphyllum 'White Silver'

2 雜交白鶴芋
Spathiphyllum hybrid

1

2

合果芋屬 / *Syngonium*

　　屬名源自於 2 個希臘文，分別為 syn 聚合、聯合及 gone 子房、子宮，指本屬子房壁聯合在一起。合果芋屬有超過 35 個物種。本屬為蔓生植物，年幼時葉片為心形，成熟時之葉片有些物種為單葉，有些物種則為掌狀複葉，葉柄長；花序著生於葉腋處，具有乳白色或白綠色之佛燄苞環繞於肉穗外，植株在攀附於樹木或牆壁上，並完全長大成株後才會開花。

　　合果芋屬植物常被作為觀賞植物栽培，其栽培容易，可栽植於盆器中，讓植株自行生長攀附於喬木上，亦可將植株水耕於花瓶中。此外，除非植株已生長茁壯、葉片為較厚之陽性葉，否則應忌烈日直曬，以免發生葉燒現象。

合果芋
Syngonium podophyllum Schott
原生地：中美洲及南美洲
合果芋為合果芋屬中第一個被作為觀賞植物栽培之物種，
植株年幼時，葉片為心形，當植株攀附於喬木上並生長至
成熟階段，其葉形會轉變為掌狀複葉，葉長可超過 30 公
分，且能受強光直曬。

1 長耳合果芋
S. auritum (L.) Schott
原生地：古巴、牙買加

3 霜心合果芋
S. macrophyllum Engl. 'Frosted Heart'
原生地：墨西哥、厄瓜多

2 銅葉合果芋
S. erythrophyllum Birdsey ex G.S.Bunting
原生地：巴拿馬

4 美紋合果芋
S. podophyllum 'Glo Go'

1 紅妝合果芋
S. podophyllum 'Confetti'

2 翠綠合果芋
S. podophyllum 'Emerald Gem'

3 粉玉合果芋
S. podophyllum 'Pink Allusion'

4
S. podophyllum
'Shell Shocked'

5 絨葉合果芋
S. wendlandii Schott
種名源自於德國植物學家
赫爾曼·文德蘭 (Hermann
Wendland) 之名。

6 斑葉絨葉合果芋
S. wendlandii (Variegated)

美鐵芋屬 /*Zamioculcas*

　　屬名指本屬植物外觀與美葉鳳尾蕉屬 (*Zamia*) 植物相似。原先美鐵芋屬植物被歸類在彩葉芋屬 (*Caladium*) 中，後來才獨立為新的一屬。本屬僅有美鐵芋 (*Z. zamiifolia*) 一個物種，分布於非洲東部及南部，例如肯亞及南非。美鐵芋屬植物全株肉質、厚實，植株長大時呈叢生姿態，具有貯藏養分之地下塊莖；葉片為羽狀複葉，小葉卵形，主要為深綠色，與紅棕色之葉軸形成對比，此外，葉色亦有墨黑色、錦斑等各種變異。

　　西元 2014 年，哥本哈根大學 (Copenhagen University) 植物與環境科學系之研究結果顯示美鐵芋能有效移除揮發性有機物質。此外，馬拉威及坦尚尼亞之當地住民會取用葉片汁液以治療耳朵痛。

　　美鐵芋作為觀賞植物栽培已有數十年之歷史，但是早期並未廣為流行，直到西元 1996 年荷蘭的種苗場開始大量繁殖與販售，全世界才開始認識本物種。美鐵芋不僅生性十分強健，栽培容易，並可應用在各種場合中，例如可作為盆栽植物種植於低光源之大樓中而不會死亡，或者將葉片切下插於花瓶中觀賞，以取代栽種觀葉植物。當扦插時間一久，其切葉之葉軸基部會長出新根系而成為新的一棵植株。

斑葉美鐵芋
Zamioculcas zamiifolia (Lodd.) Engl. (Variegated)

1

2

3

1 矮性美鐵芋
Z. zamiifolia (Dwarf)

2 黑葉美鐵芋
Z. zamiifolia 'Raven'

3 源自於莫三比克之美鐵芋
Z. zamiifolia
由 Andres J. Lindstrom 採得之樣本，並蒐藏於東芭熱帶植物園 (Nongnooch Tropical Garden)。與其他美鐵芋不同之處在於葉片較長，且葉脈顏色較淡而明顯可見。

爵床科
Acanthaceae

　　爵床科為雙子葉植物，有超過 250 個屬、2,500 多個物種，幾乎都原生於熱帶地區，僅有少數幾個物種分布於溫帶地區。本科大多數為灌木或草本；單葉對生，葉片薄，葉緣全緣；花朵單生或叢生為花序，有些物種有具觀賞價值之苞片。

　　爵床科中有許多物種為人所知，例如塊根蘆莉草 (*Ruellia tuberosa*)、*Acanthus ebracteatus*；有些物種具有藥性，可作為藥草治療氣喘或類風濕性關節炎；另外也有許多物種作為觀賞植物，例如小花寬葉馬偕花 (*Asystasia gangetica*)、彩葉木 (*Graptophyllum pictum*)、紫葉半插花 / 灰姑娘 / 假紫蘇 (*Hemigraphis alternata*) 及網紋草 (*Fittonia albivenis*)。本科植物對光照之要求有需強光者，亦有需散射光者。以扦插或播種繁殖。

網紋草屬 /*Fittonia*

　　屬名是為紀念 Elizabeth Fitton 及 Sarah Mary Fitton 兩姊妹，英文俗名為 Nerve Plant 或 Mosaic Plant，因為其葉脈明顯，看起來像是神經網路，使葉片狀似馬賽克圖樣。本屬僅有 2 個物種，即網紋草 (*F. albivenis*) 與大網紋草 (*F. gigantea*)，兩者均分布於南美洲。網紋草屬植物已育成許多不一樣葉色的品種，例如粉紅色、白色等，常作為觀賞植物栽培。性喜明亮之散射光線，如果光線不足，葉色會不鮮豔，更甚者會導致植株死亡。此外，喜好潮濕但排水良好的栽培介質，忌積水。以枝條扦插繁殖。

網紋草
Fittonia albivenis (Lindl. ex Veitch) Brummitt
原生地：南美洲

五加科
Araliaceae

　　五加科有 52 個屬、超過 700 個物種，分布於全世界。本科有喬木、灌木及藤本，有些物種具有刺或毛被覆於莖部及葉片；葉片有單葉、羽狀複葉及掌狀複葉；花序有圓錐花序 (panicle)、繖形花序 (umbel) 及穗狀花序 (spike) 型態，兩性花，子房下位或半下位。在泰國，五加科中常見作為觀賞植物者有常春藤屬 (*Hedera*)、福祿桐屬 (*Polyscias*)、蘭嶼八角金盤屬 (*Osmoxylon*) 及鵝掌柴屬 (*Schefflera*) 等。

常春藤屬（長春藤屬）/*Hedera*

　　屬名即本屬植物之拉丁文名稱，而英文俗名為 Ivy。常春藤屬約有 17 個物種，分布於歐洲、非洲西北部、亞洲中部至日本與臺灣。本屬為藤本植物，莖部會長出氣生根以攀附在大樹或建築物上；單葉，綠色，葉脈明顯可見，葉緣具缺刻，狀似心形。

　　常春藤屬植物在許多國家是非常受歡迎之為觀賞植物，經過雜交育種，已育成許多具有不同美麗斑紋之品種，可作為戶外或室內植物栽培。有些人會讓本屬植物附於牆壁生長，或栽植於吊盆中點綴室內環境，考量光照環境可置於面向北方及東方處。常春藤屬植物在冷涼環境中生長較佳，性喜上午之半日照、排水良好之壤土，忌過濕、積水，但亦應避免栽培介質過於乾燥，導致根系乾死。以枝條扦插繁殖。

1

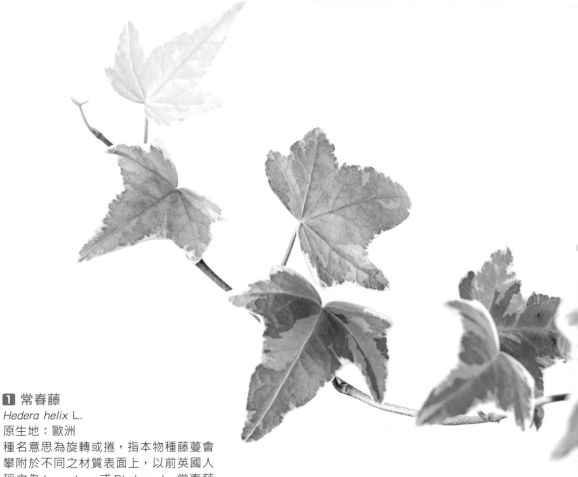

1 常春藤

Hedera helix L.

原生地：歐洲

種名意思為旋轉或捲，指本物種藤蔓會攀附於不同之材質表面上，以前英國人稱之為 Lovestone 或 Bindwood。常春藤是最早被歐洲人拿來佈置室內環境的觀賞植物之一，且在西元 19 世紀大受歡迎，世界各國之栽培家更是選育出超過 30 種斑葉品種。本物種栽培容易，在冷涼環境中生長十分良好，甚至在美國、澳洲及紐西蘭的某些地區被視為雜草。

2 斑葉常春藤

H. helix (Variegated)

2

福祿桐屬（南洋參屬）/*Polyscias*

屬名源自於 2 個希臘文，分別為 poly 多及 skias 陰影，指本屬樹冠如傘能遮蔭，而主傘冠是由許多小傘冠所組成。福祿桐屬有超過 150 個物種，廣泛分布於熱帶及亞熱帶地區，包括東南亞、北美洲、南美洲及部分歐洲國家，主要原生於太平洋諸島。本屬為多年生植物，莖幹筆直且分枝眾多，莖節明顯且節間短；葉片為羽狀複葉或掌狀複葉，互生，小葉形狀多變，形狀有線形、長橢圓形、橢圓形、卵形，葉緣有全緣、波浪或鋸齒狀，且尖端常呈銳狀；花序為圓錐花序或繖形花序，花朵小，兩性花；果實為核果。

福祿桐屬植物十分適合用於布置室內環境，作為觀賞植物已有非常悠久之歷史，有些物種甚至具有可食性，可作為蔬菜或是沾粉油炸，可惜的是許多物種及品種十分難尋。常以枝條扦插繁殖。

蕨葉福祿桐
Polyscias filicifolia (C.Moore ex E.Fourn.) L.H.Bailey
原生地：太平洋西方之群島
本物種栽植於遮蔭處時，葉片為深綠色，如果栽種於全日照環境下，葉片則呈現出金黃色。

1 羽葉／裂葉福禄桐
P. fruticosa 'Elegans'

2 羽葉／裂葉福禄桐
P. fruticosa 'Snowflake'

3 羽葉／裂葉福禄桐
P. fruticosa (L.) Harms
原生地：太平洋東方之群島

1 皺葉福祿桐 /
捲葉福祿桐
P. guilfoylei (W.Bull)
L.H.Bailey 'Crispa'
原生地：歐洲及美國
本品種特徵為葉片深綠色、皺
折且捲曲，生長緩慢。

2 芹葉福祿桐
P. guilfoylei 'Quinquefolia'
原生地：太平洋諸島

3 雪花福祿桐
P. guilfoylei 'Quinquefolia'
(Variegated)
本突變品種源自於大約 50-60
年前泰國思理旺公園的園主
Sala Chuenchob，特徵為葉緣
處具有白斑，植株矮小且生長
緩慢。

4 芹葉福祿桐斑葉變種
P. guilfoylei 'Quinquefolia'
(Variegated)

5 矮性雪花福祿桐
P. guilfoylei 'Quinquefolia'
(Variegated-dwarf)

6 維多利亞芹葉福祿桐
P. guilfoylei 'Victoriae'

1 圓葉福祿桐
P. scutellaria (Burm.f.)
原生地：太平洋諸島

2 法比安圓葉福祿桐
P. scutellaria (Burm.f.)
Fosberg 'Fabian'
原生地：太平洋諸島

3 巴佛里圓葉福祿桐
P. scutellaria 'Balfourii'
原生地：新喀里多尼亞 (New
Caledonia)

4 巴佛里圓葉祿桐
P. scutellaria 'Balfourii'

5 鑲邊圓葉福祿桐
P. scutellaria 'Marginata'
原生地：新喀里多尼亞

6 黃斑福祿桐
P. scutellaria 'Pennockii'
原生地：太平洋諸島

P. paniculata (DK.) Baker
本物種特徵為其羽狀複葉，葉片由 5-7 枚
小葉組成，小葉細長且尖，狀似玫瑰之葉
片。

2 掌葉福祿桐
Polyscias 'Quercifolia'

3 福祿桐 (矮性密葉福祿桐 /
　　迷你福祿桐)
Polyscias sp. 'Dwarf-compact'

蘭嶼八角金盤屬 /*Osmoxylon*

　　屬名源自於 2 個希臘文，分別為 osme 氣味及 xylon 木，指本屬葉片及木頭具有特殊之氣味。蘭嶼八角金盤屬有超過 60 個物種，分布於東南亞一帶。本屬為小喬木或灌木；葉片為掌狀複葉；花序為繖形花序，著生於植株先端。蘭嶼八角金盤屬較不廣為人知，但適合作為室內觀賞植物，在室內能生長良好，性喜散射光，生長緩慢。以枝條扦插及分株繁殖。

五爪木
Osmoxylon lineare (Merr.) Philipson
原生地：菲律賓呂宋島

鵝掌柴屬 /*Schefflera*

　　屬名源自於德國植物學家 Johann Peter Ernst von Scheffler 之名。本屬約有 600 個物種，分布於全世界熱帶地區。鵝掌柴屬為灌木或為小喬木，葉片為掌狀複葉，小葉 5-7 枚，小葉形狀有橢圓形、長橢圓形或卵形，厚如革質，綠色或深綠色，葉柄長；花序為總狀花序，著生於植株近先端葉腋處。本屬為廣受應用之觀賞植物，生性耐陰，能栽培於室內環境。常以枝條扦插或嫁接繁殖。

孔雀木
Schefflera elegantissima (Veitch ex Mast.) Lowry & Frodin
原生地：新喀里多尼亞

 孔雀木後已歸入 *Plerandra* 屬。

1 澳洲鴨腳木‘新星’
S. actinophylla 'Nova'

2 白苞鴨腳木
S. albido-bracteata Elmer
原生地：菲律賓

3 澳洲鴨腳木
S. actinophylla (Endl.) Harms
原生地：澳洲、新幾內亞島
本物種為喬木，株高可達 12 公尺，莖幹
上會長出氣生根；掌狀複葉集中於植株先
端，使樹型如傘，葉片厚、綠色；地植植
株長大後才會開花，花序大，鮮紅色。澳
洲鴨腳木在很久以前就開始被應用於戶外
庭園造景及作為室內植物。

1 斑葉鵝掌藤
S. arboricola (Hayata) Merr. (Variegated)
原生地：東南亞

2 黃金鵝掌藤
S. arboricola (Variegated)

3 斑葉矮性鵝掌藤
S. arboricola (Variegated-dwarf)

4 斑葉鵝掌藤突變株
S. arboricola (Variegated-mutate)

1 斯里蘭卡鵝掌藤
S. emarginata (Moon) Harms
原生地：斯里蘭卡
莖幹細長、蔓性；小葉為形狀
各異之心形，不同植株葉片先
端內凹程度不一。

2 廣西七葉蓮
S. leucantha R.Vig.
在泰國之栽培歷史悠久，且作
為藥草使用，能緩解氣喘、幫
助傷口癒合。能栽培於散射光
環境中。

3 斑葉多蕊木
S. pueckleri (K.Koch) Fradin
(Variegated)
原生地：南亞、東南亞

4 廣葉鵝掌柴
S. latifoliolata

5 斑葉鵝掌柴屬植物
Schefflera sp. (Variegated)

6 鵝掌柴屬植物
Schefflera sp.

棕櫚科
Arecaceae

棕櫚科約有 185 個屬、超過 2,500 個物種，分布於全世界之熱帶及亞熱帶地區。本科為單子葉植物，莖部有單幹型或叢生型；葉片叢生於莖頂，葉片形狀非常多樣，例如有扇形、魚尾形、羽狀複葉、掌狀複葉等；花序著生於植株近先端葉腋處，小花數量非常多，有兩性花或單性花，有些物種開花結實後植株能繼續生長，但有些物種則會停止生長並死亡，例如貝葉棕 (*Corypha umbraculifera*)；有些物種之果肉中有草酸鈣，接觸皮膚會引起刺激、搔癢，例如孔雀椰子屬 (*Caryota*)。

棕櫚科為觀賞植物中的大家族之一，有許多屬的植物能栽種於盆中做為觀賞，例如茶馬椰子屬 (*Chamaedorea*)、刺軸櫚屬 (*Licuala*)、棕竹屬 (*Rhapis*) 等，其中還有許多物種如：花斑刺軸櫚 (*Licuala mattanensis* var. *paucisecta*) 的葉片十分美麗，但因性喜高濕，而不適合栽植於室內環境。

這些適合室內栽植之棕櫚科植物，生性耐陰、葉片巨大、不易落葉，不過需要時時清潔其葉片。在繁殖方面，如果是單幹棕櫚類，只能以播種繁殖，但如果是叢生型棕櫚類，則可以分株或播種繁殖。本科植物主要害蟲為會侵害植株先端嬌嫩部位，進而導致植株死亡的犀角金龜及象鼻蟲類之甲蟲，尤其是栽植於戶外園子的單幹型棕櫚類，但當栽植於室內時，主要之害蟲則為介殼蟲類，需要時常留意植株是否有受到這些害蟲侵襲並加以防治，以免影響植株生長或甚至死亡。

山棕屬 / *Arenga*

屬名源自於 areng，為印尼語對本屬植物 *A. pinnata* 桄榔的稱呼。山棕屬約有 25 個物種，分布於亞洲及澳洲。本屬為中等至大型植物，莖部有單幹型及叢生型，株高可達約 2-20 公尺；葉片大多為羽狀複葉。山棕屬物種中體型較小者能作為室內觀賞植物，例如虎克桄榔 / 泰馬桄榔 (*A. hookeriana*)。本屬植物大多性喜排水良好之壤土，忌強光直曬，且應時常保持栽培介質濕潤。

Arenga hastata (Becc.) Whitmore
原生地：馬來西亞、婆羅洲

149

虎克桄榔 / 泰馬桄榔
A. hookeriana (Becc.) Whitmore
原生地：泰國、馬來西亞
本物種為叢生型棕櫚，性喜散射光、高相對濕度環境，如果
栽植於室內，需要放置水盤，或將盆栽與其他觀葉植物放置
於一塊，以提高空氣相對濕度。

隱萼椰子屬 /*Calyptrocalyx*

　　屬名源自於希臘文，指本屬花萼包覆花朵。隱萼椰子屬有 26 個物種，分布於印尼摩鹿加群島 (Maluku Islands) 及巴布亞紐幾內亞之雨林中。本屬為叢生型棕櫚，體型中等，葉片為羽狀複葉，嫩葉為紅棕色，與成熟之深綠色葉片形成強烈對比。隱萼椰子屬有些物種能作為室內觀賞植物，性喜散射光、濕潤環境，但忌積水。常以播種繁殖。

紅葉椰子 / 紅芽椰子
Calyptrocalyx forbesii (Ridl.)
Dowe & M.D.Ferrero
原生地：印尼

孔雀椰子屬 /*Caryota*

　　屬名源自於 karyotis，指其果實。本屬約有 14 個物種，分布於亞洲及澳洲。孔雀椰子屬植物之莖部有單幹型及叢生型；葉片為二回羽狀複葉，長度可達 3 公尺，葉鞘及葉柄具有紅棕色條帶斑紋，小葉呈三角形，葉緣不規則，狀似魚尾，所以英文為 Fishtail Palm，而中文則又被稱為魚尾葵屬。花序大，結實後因為重量增加而呈下垂姿態；果實成熟時顏色轉為紅色，且因為被覆絨毛，皮膚接觸到會產生搔癢症狀。本屬植物因為耐陰，現今流行栽植於盆器中，用於妝點室內環境，但應放置於光線能照射到之處。

斑葉叢立孔雀椰子
Caryota mitis Lour. (Variegated)
原生地：亞洲
斑葉叢立孔雀椰子與原始全綠之叢立孔雀椰子均適合作為室內植物栽培。

茶馬椰子屬 /*Chamaedorea*

　　屬名源自於 2 個希臘文，分別為 chamai 在地上及 dorea 禮物，指本屬植物容易開花且果實低垂接近地面。茶馬椰子屬有 107 個物種，分布於北美洲及南美洲之熱帶與亞熱帶地區。本屬植物株高為 0.3-6 公尺，莖部有單幹型及叢生型；大多數物種之葉片為羽狀複葉，少數物種為單葉；果實小，成熟時轉為橘色或紅色。茶馬椰子屬十分適合作為室內觀賞植物，因為植株在野外即原生於樹蔭下，所以在低光源環境中能生長良好。

茶馬椰子
Chamaedorea ernesti-augusti H.Wendl.
原生地：墨西哥、貝里斯、瓜地馬拉
歐洲自西元 1847 年起即引進並開始栽培茶馬椰子，但當時不知道本植物之名，直到後來有人發現為新物種才為其命名。茶馬椰子栽培種種源大多是源自於墨西哥，而貝里斯及瓜地馬拉之茶馬椰子葉片較大。本物種結實需要藉由昆蟲或人類協助傳粉，不會自己結實。

1 魚尾椰子 / 玲瓏椰子 / 金光茶馬椰子
C. metallica Cook ex H.E.Moore
原生地：墨西哥
本物種栽培容易，生性強健，在光線較少處
仍能生長良好，尤其是在空調室內環境中。

2 雪佛里椰子 / 竹節椰
C. seifrizii Burret
原生地：墨西哥、貝里斯、宏都拉斯
本物種生性強健，栽培容易，地植之株高可
達 5 公尺，因為莖幹似竹子，所以英文俗名
為 Bamboo Palm 或 Reed Palm。

金果椰屬 /Dypsis

　　屬名源自於希臘文 dypto 或 dyptes，意思為潛水。本屬約有 140 個物種，分布於馬達加斯加島。金果椰屬為中等至大型植物，特徵為無刺狀構造，且可以在原莖幹上長出側枝；莖部有單幹型及叢生型；葉片為羽狀複葉；花序大，著生於葉鞘間，花朵小；果實為圓形，成熟時轉為橘色或紅色。本屬植物栽培容易、生性強健，有許多物種能作為室內觀賞植物。

Dypsis forficifolia Noronha ex Mart.
原生地：馬達加斯加

1 黃椰子 / 散尾葵
D. lutescens (H.Wendl.) Beentje & J.Dransf.
原生地：馬達加斯加
本物種為姿態十分優美之叢生型棕櫚，如果
栽植於日照強烈的戶外庭園，其葉柄及葉鞘
會呈現金黃色，但如果栽培於光線較弱或於
室內環境中，葉柄則會呈現綠色，而葉片為
有光澤之深綠色，十分美麗。黃椰子野生族
群十分稀少，發現不足 100 株，為瀕臨絕種
之物種，但在人為栽培下，於全世界之種苗
場及庭園則是十分常見。本物種性喜排水良
好之土壤，可以栽植於盆器中限制植株生長，
維持小植株姿態，栽培及繁殖難度低，常以
分株或播種繁殖，如果栽培於強光環境中，
有些葉片會轉為金黃色，但如果栽培於有遮
陰處，葉片則為有光澤之深綠色。

2 矮性黃椰子
D. lutescens 'Super Dwarf'

刺軸櫚屬 /*Licuala*

　　屬名源自於印尼摩鹿加群島住民稱呼本植物之名。刺軸櫚屬約有 150 個物種，分布於東南亞，自馬來西亞起至新幾內亞島及澳洲。本屬植物之莖部有單幹型及叢生型，有些物種之莖幹有纖維；單葉呈扇形或掌狀深裂，有些物種之葉柄具有刺狀構造；大多數物種為兩性花；果實為圓形，成熟實轉為粉紅色或紅色。刺軸櫚屬植物在蒐藏玩家中十分流行，其生性強健、耐陰、栽培容易，葉片及植株姿態優美，適合作為觀賞盆栽植物。

輪葉刺軸櫚
Licuala triphylla Griff.
原生地：泰國、馬來西亞

1 大葉刺軸櫚

L. grandis H.Wendl.

原生地：太平洋中的索羅門群島及萬那杜共和國

本物種為單幹型棕櫚，僅能以播種繁殖，栽培容易，作為室內觀賞植物已有百年之歷史，在世界各地十分受歡迎。

圓葉刺軸櫚性喜高濕，可以種植於遮陰處，可耐受至 3°C 低溫。

2 昆尼門刺軸櫚

L. khoonmengii Saw

原生地：馬來西亞

3 昆士蘭／澳洲刺軸櫚（扇椰子）

L. ramsayi (F.Muell.) Domin

原生地：澳洲

種名是為紀念其模式標本採集者，即澳洲植物學家 Edward Pierson Ramsay。本物種為單幹型棕櫚，株高可達 15-25 公尺，十分耐陰，所以能作為觀賞盆栽種植於光線較少之室內，但生長速度會較地植者慢上許多。

山檳榔屬 /*Pinanga*

　　屬名源自於 pinina，是原生地馬來西亞住民用來稱呼本屬之名。本屬約有 140 個物種，分布於中國南方之喜馬拉雅山脈至新幾內亞島一帶。山檳榔屬植物在野外生長於森林底層，大多數物種性喜潮濕；莖部有單幹型及叢生型，莖表平滑如竹子；葉片為單葉或與羽狀複葉，葉色全綠或具有斑紋。本屬在泰國十分流行作為觀賞植物栽培，除了泰國自有之原生種外，亦有從國外引進之物種，是另一種能做為室內盆栽植物之棕櫚類，甚至有些人會將小植株栽植於生態玻璃容器中觀賞。常以播種或分株繁殖。

1 斑點山檳榔
Pinanga crassipes Becc.
原生地：婆羅洲

2 斑葉金鞘椰
P. dicksonii (Roxb.) Blume (Variegated)
原生地：印度洋之安達曼群島
斑葉金鞘椰與原始全綠之金鞘椰均適合作為
室內植物栽培。

射葉椰子屬 /*Ptychosperma*

　　屬名源自於 2 個希臘文，分別為 ptychos 摺疊的及 sperma 種子，指本屬種子外表具有溝槽。射葉椰子屬有 29 個物種，分布於澳洲及巴布亞紐幾內亞。本屬為株型中等至高大之叢生型棕櫚，莖幹具有明顯之節狀葉鞘環痕；葉片為羽狀複葉，互生，小葉呈長橢圓形，先端具有缺刻；花序著生於葉鞘基部，每個花序可結實數量多，果實成熟實會轉為紅色。射葉椰子屬植物性喜強光至散射光，栽種於戶外空曠處能生長良好，如果作為室內觀賞植物栽培，應選擇陽光能照射到之處，且偶爾要移至戶外曬太陽。常以播種繁殖。

馬氏射葉椰子
Ptychosperma macarthurii (H.Wendl. ex H.J.Veitch) H.Wendl. ex Hook.f.
原生地：澳洲、巴布亞紐幾內亞
種名係紀念著名澳洲植物學家 Sir William Macarthur。本物種自引進泰國栽培觀賞已有數十年之歷史，至今仍十分受歡迎且廣為流傳。

棕竹屬 /*Rhapis*

　　屬名源自於希臘文 rhapis，意思為針，應該是指本屬尖銳之小葉。棕竹屬共有 11 個物種，分布於中國、臺灣及日本。本屬為單幹型棕櫚，體型中等；莖幹小，被覆有黑棕色之纖維葉鞘；葉片為掌狀深裂，裂片 2-10 枚，綠色，具有光澤，葉柄長；花序著生於植株近先端之葉腋處；果實小，內僅有 1 顆種子。棕竹屬植物性喜保濕之栽培介質，但忌積水，耐陰，十分適合作為室內觀賞植物，但亦能栽植於戶外露天處。常以分株繁殖。

觀音棕竹
Rhapis excelsa (Thunb.) Henry
原生地：中國、臺灣
本物種在日本自西元 1700 年起，即開始流行作為觀賞植物栽培，因此選育有數百種不同形狀之品系，包括葉色全綠、斑葉、狹葉、闊葉者，並且以日文命名為品種，如果是斑葉觀音棕竹，價格十分昂貴。後來西方人將觀音棕竹引進歐洲栽培，後再傳播至美國，依其姿態稱為 Lady Palm。本物種因為栽培容易，少許光線即能生長，十分強健，非常適合作為室內觀賞植物，廣受大眾喜愛。

1 銀世界
R. excelsa 'Ginsekai'

2 英山織
R. excelsa 'Eizannishiki'

3 天山白島
R. excelsa 'Tenzanshiroshima'

4 白靜電
R. excelsa 'Hakuseiden'

1 小判野津
R. excelsa 'Kobannozu'

2 富士之雪
R. excelsa 'Fujinoyuki'

3 多裂棕竹
R. multifida Burret
原生地：中國

4 暹羅棕竹
R. siamensis Hodel (Selected form)
原生地：泰國

1 薄葉棕竹
R. subtilis Becc.
原生地：泰國、寮國、柬埔寨、越南
圖片提供：Pavaphon Supanantananont

2 薄葉棕竹 丹砂茶姬
R. subtilis 'Tansachahime'
原生地：馬來西亞

3 薄葉棕竹 東芭之島
R. subtilis 'Nongnoochnoshima'

1 婆羅洲棕竹
Rhapis sp. 'Borneo'

2 矮性棕竹
Rhapis sp. (Dwarf)

薩里巴斯椰屬 /*Saribus*

本屬約有 9 個物種，分布於東南亞至巴布亞紐幾內亞一帶。薩里巴斯屬植物為體型中等至高大之單幹型棕櫚；葉片大，扇形，葉柄具有銳刺。本屬形狀似蒲葵屬 (Livistona) 植物，造成分類上十分困難，目前蒲葵屬中某些物種被重新歸類為薩里巴斯屬，例如圓葉薩里巴斯椰 (*S. rotundifolius*) 等。

圓葉薩里巴斯椰
Saribus rotundifolius (Lam.) Blume
原生地：馬來西亞、菲律賓、印尼、新幾內亞島
本物種原先被歸類為蒲葵屬，西元 2011 年根據 DNA 之研究，而被移入薩里巴斯屬。圓葉薩里巴斯椰為薩里巴斯屬中生長快速的物種之一，作為觀賞植物已有百年之歷史，常常出現在老照片中的背景，是十分常見且聞名全球之棕櫚科植物。本物種小時候看不到莖幹，當生長至成株時，株高可達 45 公尺，體型十分高大，莖部為灰棕色，非常適合栽植於戶外露天庭園，如果栽種於盆器中，植株生長速率會減緩，但仍能長得不錯。

天門冬科
Asparagaceae

天門冬科共含括 143 個屬、約 3,000 物種,大部分物種為廣受栽培之觀賞植物。本科為單子葉植物,具有各式各樣型態之莖幹及葉片,常有些部位肉質肥大化,例如根莖、球莖、地上莖、葉片或葉鞘;葉片十分吸睛,有些物種的葉片又大又美麗。天門冬科植物因為生性強健,栽培容易,成為廣受歡迎的觀賞植物,例如蜘蛛抱蛋屬 (Aspidistra)、朱蕉屬 (Cordyline) 及龍血樹屬 (Dracaena)。

天門冬屬 / Asparagus

本屬植物在古希臘哲學家泰奧弗拉斯托斯 (Theophrastus,約生存於西元前 350-287 年) 之《植物史》(Historia Plantarumu) 一書中有紀載。天門冬屬有約 211 物個種,分布於非洲、亞洲及歐洲。本屬為多年生草本植物,具肥大之地下莖部,而地上莖部呈叢狀或匍匐狀,被覆有銳刺;葉片為 3-4 回羽狀複葉,線狀,或先端銳狀之小鐮刀狀;花序為聚繖花序,著生於葉腋處,小花為白色,大部分於黃昏至黎明之間開花,具有強烈香味,雌雄同花或異花;果實圓形,果肉內含圓形種子。

提到天門冬屬,大部分的人會聯想到作為食用蔬菜之蘆筍,另外,在觀賞植物方面也包含許多物種,例如武竹 (Asparagus densiflorus)、狐尾武竹 (A. densiflorus 'Myersii'),以及過去泰國人常拿來與蘭花一起裝飾衣物之文竹 (A. setaceus) 等。本屬物種喜好排水良好、不過濕之壤土,栽培環境需遮陰。多以分株繁殖。

武竹
Asparagus densiflorus (Kunth) Jossep
原生地：南非
英文俗名為 Asparagus Fern。

1 狐尾武竹
A. densiflorus 'Myersii'
原生地：南非
英文俗名為 Foxtail Fern。

2 松葉武竹
A. retrofractus L.
原生地：南非
葉叢呈蔓生姿態，節間具有尖銳之刺狀構造，常作為切葉植物。

3 掃帚武竹
A. virgatus Baker
原生地：非洲東南部

蜘蛛抱蛋屬 /Aspidistra

屬名源自於希臘文 aspis，意思為盾牌，指本屬雌蕊之柱頭呈盾狀。蜘蛛抱蛋屬有超過 100 個物種，分布於亞洲，野生植株生長於大型植物下，十分耐陰，所以在室內栽培可生長良好。本屬為多年生草本植物，具匍匐之地下根莖；葉片厚，呈先端細長之長矛狀，有些物種之葉片上具有斑點或是斑紋。

蜘蛛抱蛋屬植物為歐洲寒帶及溫帶地區長久以來廣受歡迎的觀葉植物，被稱為 Cast Iron Plant，尤其在維多利亞時代，被認為是中產階級之象徵。本屬植物因為太廣為人知，所以有以之為名的歌曲、小說以及藝術品，並且育成有許多形狀十分特殊或斑葉之品種；而日本人會取用葉片作為便當盒內之裝飾，用以分隔盒內不同的食物。蜘蛛抱蛋屬植物栽培容易、生性十分強健。常以分株繁殖。

1 九龍盤
Aspidistra lurida Ker Gawl. 'Ginga'
原生地：中國

2 蜘蛛抱蛋
A. elatior Blume
原生地：日本、臺灣

1 銀河蜘蛛抱蛋
A. elatior 'Milky Way'
有些人稱之為 *A. elatior* 'Variegata'。

3 四川蜘蛛抱蛋
A. sichuanensis 'Hammer Time'

2 小花蜘蛛抱蛋
A. minutiflora Stapf
原生地：中國

4 越南蜘蛛抱蛋
A. vietnamensis

酒瓶蘭屬
Beaucarnea

　　屬名是為紀念西元 19 世紀的比利時植物蒐藏家 Jean-Baptiste Beaucarne。本屬原先被歸類為 *Nolina* 屬 (亦被翻為酒瓶蘭屬)，全世界共有 10 個物種，分布於墨西哥及中美洲的瓜地馬拉、尼加拉瓜一帶。酒瓶蘭屬植物體型高大，如果地植栽培，株高可達 15 公尺；莖幹肥大，具有貯水功能，直徑可達 1 公尺；樹皮厚，上佈滿裂紋；單葉，線形，先端細且尖，葉長可達 60 公分，叢生於植株先端；花朵雌雄異株，具有香氣；果實為蒴果，內有種子。本屬為不論在戶外強光下或光線稀少處皆能良好生長的觀賞植物，現今因栽培容易、耐陰、耐旱性佳以及生長緩慢，常作為室內盆栽植物。以種子或枝條扦插繁殖，但由枝條扦插繁殖者，其莖幹基部不會呈肥大姿態。

酒瓶蘭
Beaucarnea recurvata Lem.
原生地：墨西哥

吊蘭屬 /*Chlorophytum*

　　屬名源自於 2 個希臘文，chloros 綠色及 phyton 植物，指本屬植物葉片為綠色。吊蘭屬至少有250個物種，分布於非洲、亞洲及澳洲。本屬為多年生草本植物，植株呈低矮叢生姿態，地下具有肉質根莖；葉片為狹長之倒批針形，環生於莖幹；花序為穗狀花序，抽出高於葉叢之上，花梗長，小花為白色，有些物種在花梗 (有人稱之為走莖) 先端著生有小植株，可以用於繁殖，但大部分仍是以分株繁殖。吊蘭屬植物栽培容易，廣泛受到歡迎，包含有常作為觀賞植物用之斑葉品種，且具有移除空氣中之化學物質的功效。

綠葉油蘭
Chlorophytum modestum

1 中斑吊蘭
C. comosum (Thunb.) Jacques 'Vittatum'
原生地：南非

2 金邊吊蘭
C. comosum 'Variegatum'
原生地：南非

3 小花吊蘭
C. laxum R.Br.
原生地：非洲
原學名為 *C. bichetii*，現今為異名，為另一種栽培歷史悠
久之吊蘭屬植物，但本物種之花梗上不會產生小植株，
僅能以分株繁殖。

4 吊蘭屬植物
Chlorophytum sp.
植株形狀與葉片全綠之吊蘭相似，但葉片
更大，另外具有斑葉品種。

橙柄草 / 火焰吊蘭

C. orchidastrum

原生地：肯亞、坦尚尼亞

本物種在市場中有許多名稱，例如 *C. amaniense*、*C. amaniense* 'Fire Flash'、*C. orchidantheroides*、*C. filipendulum* x *C. amaniense* 及 *Chlorophytum* 'Fire Flash' 等。有記錄顯示廣泛種植於美國的橙柄草，是大約在西元 1990 年代後期由泰國引進佛羅里達州栽培。斑葉品種曾經出現過一次，但容易返祖變回綠色葉片，在繁殖上要維持斑葉形狀十分困難。

朱蕉屬 /*Cordyline*

　　屬名源自於希臘文 kordyle，意思為棍棒，指本屬植物之地下根莖形狀似棍棒。朱蕉屬總共約有 24 個物種，分布於太平洋諸島，包括新幾內亞島、澳洲及玻里尼西亞群島。本屬為多年生灌木，分支性佳，隨株齡增加莖幹會木質化；單葉互生，叢生於莖幹先端，葉形及葉斑多樣化，葉形有線形、披針形、倒披針形等，葉片先端細尖；花序為圓錐花序，著生於植株近先端之葉腋處，小花為白色，數量繁多，於黃昏至清晨間開放，具有香氣；果實為球形漿果，內含橢圓形種子。朱蕉屬植物在國外之育種歷史長達百年之久，育成有非常多新葉斑之雜交子代；而泰國栽培者幾乎都是朱蕉 (*C. fruticose*) 之雜交子代，其英文俗名為 Goodluck Tree、Hawaiian Ti 及 Ti Plant 等，原生於東南亞地區。本屬植物常作為戶外庭園之觀賞植物，需要較多之光線，但應避免太陽直射，另外亦是良好的室內植物，但仍充足之光照，若光線不足，則葉色會褪回綠色。以支條扦插或高壓繁殖之難度低。

Cordyline fruticosa (L.) Göpp.
'Torbay Dazzler'

1
C. fruticosa 'Earthquake'

2
C. fruticosa 'Handsome'
為寬葉之朱蕉，另有矮性品種稱為「清邁女孩」。

3 夏威夷之旗
C. fruticosa 'Hawaiian Flag'

4
C. fruticosa 'Mini Hawaiian Flag'

1
C. fruticosa 'Liliput'

2 彩虹朱蕉
C. fruticosa 'Lord Robertson'

3
C. fruticosa 'New Guinea Fan'

4
C. fruticosa 'Pink Champion'
由 Surath Vanno 老師自菲律
賓所帶回。

5 粉紅鑽石
C. fruticosa 'Pink Diamond'

6 Phet Dara
本品種外觀與 'Pink Diamond'
非常相似，但葉片較圓潤，葉
柄較短，綠色。由 Sithiporn
Donavanik 先生自夏威夷帶回。

1 咖啡公主朱蕉
C. fruticosa 'Tartan'

2 朱蕉雜交種
C. fruticosa (hybrid)

3 朱蕉雜交種
C. fruticosa (hybrid)
西元 1979 年 4 月由 Sithiporn Donavanik 先生自
印尼帶回。

1 矮性朱蕉
C. fruticosa 'Compacta'

2
C. fruticosa 'Pink Compacta'

3
C. fruticosa 'Purple Compacta'
由 Sithiporn Donavanik 先生帶
回之矮性朱蕉，自佛羅里達州
進口並命名之。

4-**7** 矮性朱蕉
C. fruticosa (Dwarf)
現今廣為栽培之許多矮性朱蕉
品系，常作為組合盆栽或迷你
盆景之植材，用於裝飾室內及
辦公環境。

狭葉千年木 / 番仔林投
Dracaena angustifolia (Medik.) Roxb.
原生地：中國南部至東南亞
在泰國常將其嫩芽氽燙後蘸辣椒醬
食用。

龍血樹屬 /*Dracaena*

　　屬名源於希臘文 drakaina，意思為雌龍，指本屬植株具似龍血般的紅色汁液，例如索科特拉龍血樹 (*D. cinnabari*) 及 *D. schizantha*。龍血樹屬約有 120 個物種，分布於中美洲及非洲之許多島嶼，例如加那利群島、索科特拉群島、馬達加斯加群島、模里西斯群島及塞席爾群島，除此之外也分布於亞洲地區。本屬物種包含耐旱及生長於潮濕地區者，大約自西元 1820 年開始於英國被當作觀賞植物栽培，之後在歐洲國家作為室內觀賞植物而廣受歡迎。自西元 1870 年開始有人開始蒐集本屬物種並進行雜交試驗，育成有數十種新品種，並同時有商業栽培直至今日。

　　原生種龍血樹屬植物可分為兩大類，一類為生長於石灰岩山之高大樹型龍血樹 (Dragon Tree)，如柬埔寨龍血樹 (*D. cambodiana*)、*D. yuccifolia*、*D. kaweesakii*、*D. jayniana*；而另一類之體型則為較嬌小之灌木型龍血樹 (Dracaena)，這類物種大多為常綠乾燥森林或熱帶雨林中之下層植物，栽培容易，可在低光或光線充足之環境生長，適應性高。如果葉片接收到之日照較少，葉色會漸漸褪為綠色，應常旋轉盆器讓植物均勻受光，否則植株會出現向光性而呈彎曲姿態。常以扦插和高空壓條繁殖。

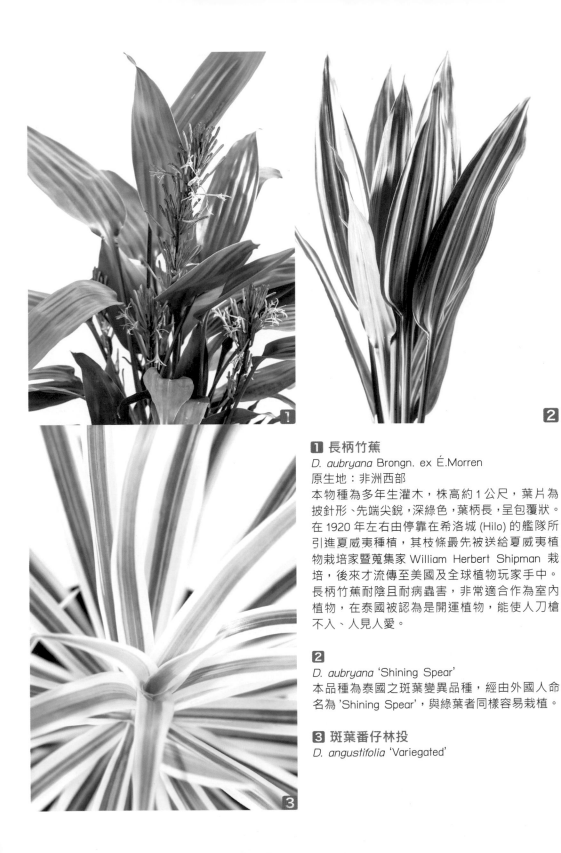

1 長柄竹蕉

D. aubryana Brongn. ex É.Morren
原生地：非洲西部
本物種為多年生灌木，株高約1公尺，葉片為
披針形、先端尖銳，深綠色，葉柄長，呈包覆狀。
在1920年左右由停靠在希洛城 (Hilo) 的艦隊所
引進夏威夷種植，其枝條最先被送給夏威夷植
物栽培家暨蒐集家 William Herbert Shipman 栽
培，後來才流傳至美國及全球植物玩家手中。
長柄竹蕉耐陰且耐病蟲害，非常適合作為室內
植物，在泰國被認為是開運植物，能使人刀槍
不入、人見人愛。

2

D. aubryana 'Shining Spear'
本品種為泰國之斑葉變異品種，經由外國人命
名為 'Shining Spear'，與綠葉者同樣容易栽植。

3 斑葉番仔林投

D. angustifolia 'Variegated'

萬年竹 / 開運竹

D. braunii Engl.

原生地：非洲

原學名為 *D. sanderiana*，種名源自於英國大型苗圃老闆 Henry Frederick Conrad Sander 之名，但現今為其異名。本物種為低矮之灌木，成株之株高約 2-3 英尺，莖幹筆直，不分枝；單葉互生，披針形，原始葉色為深綠色，亦可作為切葉葉材與其他花卉植物搭配，並相信能帶來財運與好運。將枝條塑型來回曲折或截切後捆紮成一層層的寶塔狀用於送禮，在銷售上會更受歡迎。

萬年竹為栽培容易的觀賞植物，在低照度環境中能生長良好，即使作為切葉葉材的枝條，與其他切花一同插於花瓶中也能生根。現今萬年竹有白色及黃色之斑葉品種，栽培亦不難，可在散射光環境中生長，而且為泰國出口量非常大之觀葉植物，以 Lucky Bamboo 之名銷售到世界各國。

1 柬埔寨龍血樹
D. cambodiana Pierre ex Gagnep. (Variegated)
原生地：泰國東北部至柬埔寨

2 柬埔寨龍血樹
D. cambodiana 'Striped Cuckoo'

3-4 坎特利龍血樹
D. cantleyi Baker
原生地：泰國南部、馬來西亞、新加坡至婆羅洲
原生於熱帶雨林下層低光之環境，其葉形具有高度多樣性，異名有 *D. marmorata*。

香龍血樹

D. fragrans (L.) Ker Gawl.

原生地：莫三比克、蘇丹及安哥拉

本物種為最古老的觀葉植物之一，歐洲人自西元 19 世紀中葉已開始栽培，並於 20 世紀初期開始在美國受到歡迎。香龍血樹因為葉形多變，例如有長葉、短葉、密葉、扭曲葉等，以及許多不同的葉斑，所以有許多異名，例如 *D. deremensis*、*D. lindenii*、*D. smithii*、*D. victoria*、*D. aureolus* 等。本物種十分耐陰，非常適合作為室內觀賞植物，可直接將莖幹切段水插於瓶器中，或栽植於小型盆器中置於桌上欣賞。繁殖難度低，常將莖幹切成段作為扦插之插穗。

1 - **3** 香龍血樹 (突變個體)
D. fragrans (Mutate)

4 銀線竹蕉
D. fragrans
'Deremensis Warneckii'

5
D. fragrans 'Dorado'

6 檸檬千年木
D. fragrans
'Lemon Lime'

7 密葉竹蕉
D. fragrans 'Janet
Craig Compacta'

8 斑葉密葉竹蕉
D. fragrans
'Variegated Compacta'

1 萊姆香龍血樹
D. fragrans 'Limelight'

2 斑葉香龍血樹
D. fragrans (Variegated)

3 彩紋香龍血樹
D. fragrans 'Victoriae'

4 虎班千年木
D. goldieana W.Bull ex Mast.
& Moore'
原生地：非洲西部
種名源自於西非傳教之傳教
士 Rev. Hugh Goldie，他在西
元 1870 年左右，將本物種之
樣本送至愛丁堡植物園收藏。
虎斑木野生植株之株高可達 4
公尺，但人為栽培者之株高常
低於 2 公尺，為株型十分有
趣的龍血樹屬植物。本物種性
喜低光、潮濕之環境，生長及
繁殖速度慢，儘管栽培歷史悠
久，依然價格不菲。

1 - 2 百合竹

D. reflexa Lam.

原生地：莫三比克、馬達加斯加、模里西斯

本物種分布於分佈在莫三比克及東非外海之印度洋群島，在不同的原生地可見許多不一樣的變種。馬達加斯加島住民會將百合竹之葉片及樹皮與其他植物混和，煎煮作為傳統藥草茶飲用，據信可以用來治療瘧疾、腹瀉及解毒。美國太空總署空氣清淨研究 (NASA Clean Air Study) 結果顯示，百合竹可有效移除空氣中的甲醛、二甲苯及三氯乙烯。本物種栽培容易，既耐陰又耐日曬，常以扦插繁殖。

1 黃邊百合竹
D. reflexa 'Song of India'
有文獻紀載黃邊百合竹在西元 1961 年被引進
夏威夷栽培,是現今市場上仍有流通的古老
觀賞植物。

3 百合竹 'Song of Siam'/ 暹羅百合竹
D. reflexa 'Song of Siam'

2 黃金百合竹
D. reflexa 'Song of Jamaica'

4 百合竹 'Song Blue'/ 藍歌百合竹
D. reflexa 'Song Blue'

1 - 4 紅邊竹蕉 / 五彩千年木

D. angustifolia Baker

原生地：馬達加斯加

本物種引進泰國作為觀賞植物栽培已有數十年之歷史，而斑葉品種則是源自於日本的突變種，後來引進美國繁殖販售，並於西元 1973 年後開始銷往世界各地，之後又出現了數個突變種，並同樣被廣泛作為觀賞植物應用。紅邊竹蕉栽培容易，生性強健，栽培於日光直射處，葉片會呈短而緻密之姿態，當栽培於遮蔭處，葉片則會呈較長之姿態。

1 油點木

D. surculosa Lindl. 'Punctulata'
原生地：非洲
原學名為 *D. godseffiana*，現今為異名，在泰國被稱為菲律賓竹，推測是由泰國植物栽培者由非洲所帶回。葉片上之稀疏斑點推測為病毒所致，並且可遺傳至下一代植株。現今已有許多不一樣之斑葉突變品種，非常美麗，適合作為觀賞植物。

3 金龍油點木 / 斑葉油點木

D. surculosa 'Golden Dragon'

2 佛州星點木

D. surculosa 'Florida Beauty'

4 銀河星點木

D. surculosa 'Milky Way'

1 星點木 'Friedman'/
佛利民星點木
D. surculosa 'Friedman'
本品種另一個學名為
D. friedmanii。

2 斑葉星點木
D. surculosa (Variegated)

3-**5** 矮性星點木
D. surculosa (Dwarf)

6 星點木
'Indonesis Tracker'
Dracaena 'Indonesian Tracker'
推測為香龍血樹 (*D. fragrans*)
與星點木 (*D. surculosa*) 之雜
交子代。

7 柔浩星塵星點木
Dracaena 'JT Stardust'

傘葉龍血樹

D. umbraculifera Jacq.

原生地：馬達加斯加

本物種由 Nicolaus Joseph von Jacquin 於西元 1797 年所描述命名，樣本源自於維也納美泉宮 (Schönbrunn) 植物園之溫室，但不確定該樣本之實際來源，推測應該是與其他 280 多個植物物種樣本同樣採集自印度洋中之模里西斯島。

後來許多植物學家認為它原生於模里西斯島，但在原生地之野生族群已滅絕，僅存在於世界各地的植物園中。然而，直到西元 2013 年有研究團隊在馬達加斯加發現本物種之身影，經過分子生物學研究後，確認實際上為馬達加斯加島之原生植物。

1 絲蘭葉龍血樹
D. yuccifolia Ridl. (Variegated)
原生地：泰國

2 龍血樹屬植物
Dracaena sp.

3 錦斑變異之龍血樹屬植物
Dracaena sp. (Variegated)

4
Dracaena 'Ming Manggon'
本屬間雜交為 Unyamanee Garden 的 Pramote
Rojruangsang 先生所育成，曾經在觀葉植物圈
中掀起一陣旋風。本屬間雜交葉片深綠、不容
易脫落又耐陰，非常適合作為室內觀賞植物。

虎尾蘭屬 / *Sansevieria*

屬名是由 Vincenzo Petagna 以其贊助者之名來命名，也就是 Chiaromonte 地區之 Pietro Antonio Sanseverino 伯爵。本屬約有 70 個物種，分布於非洲及亞洲之乾旱地區及混合落葉森林。虎尾蘭屬植物具蔓生之地下根莖；地上部為肥厚之葉片，先端尖銳，有些物種葉片先端甚至呈尖刺狀，葉片有大有小，葉斑多樣；花序為總狀花序，著生於葉腋處，呈直立狀，於白天開花，具香氣；果實為圓形漿果，成熟時轉為紅橘色。

虎尾蘭屬植物型態多樣、生性強健，不論於遮陰或戶外太陽直射處、潮濕或乾燥環境皆可栽培，為相當受歡迎的多肉植物。英文俗名為 Mother-in-law's Tongue、Snake Plant，不論是國內或國外皆被廣泛作為觀葉植物栽培。觀賞性虎尾蘭曾於西元 2007 年左右蓬勃發展至最頂峰，許多地方都有在進行雜交育種，甚至還成立了虎尾蘭栽培社團，最昂貴的虎尾蘭單株價格更是曾經高達百萬泰銖。常以分株或是葉片扦插繁殖，但若想育成新的雜交種，則需要以播種繁殖。

註 虎尾蘭屬目前已併入龍血樹屬（*Dracaena*），但園藝上仍沿用舊屬名。

虎尾蘭
Sansevieria trifasciata hort. ex Prain
原生地：非洲
為最廣泛傳播的虎尾蘭物種之一，被作為室內外觀賞植物栽培之歷史悠久。現今有許多變異，例如植株矮性 (短葉)、葉型扭曲、葉序輪生狀、不同葉斑等形狀，有許許多多優異的雜交子代被選拔，並且命名為品種，有些甚至聞名全世界，例如短葉虎尾蘭 'Hahnii'，是由美國路易斯安那州新奧爾良 Crescent Nursery Company 的 William W. Smith Jr. 先生於西元 1939 年所發現，品種名源自於本植物品種專利所有者 Sylvan Frank Hahn 先生。
金邊虎尾蘭 (*S. trifasciata* 'Laurentii') 曾得到英國皇家園藝學會 (Royal Horticultural Society, RHS) 的優秀園藝獎 (Award of Garden Merit, AGM) 獎項殊榮，因為其在各種氣候下皆可以栽培，而且根據美國太空總署淨化空氣之研究 (NASA Clean Air Study)，金邊虎尾蘭透過光合作用機制，可吸收 4-5 種空氣中的有害物質。除此之外，其栽培及繁殖皆不難。

1 金邊虎尾蘭
S. trifasciata
'Futura Golden Compacta'

2 海嘯
S. trifasciata 'Futura Twister
Sister Tsunami'

3 短葉虎尾蘭
S. trifasciata 'Hahnii Green'

4 唐西虎尾蘭錦 /
　斑葉唐西虎尾蘭
S. downsii Chahin.
(Variegated)
原生地：馬拉威北部及辛巴威

5 瓶爾小草虎尾蘭錦
S. concinna N.E.Br.
(Variegated)
原生地：坦尚尼亞、莫三比
克、辛巴威、南非

6 瓶爾小草虎尾蘭錦（紫）
S. concinna (Purple-variegated)
原生地：坦尚尼亞、莫三比克、
辛巴威、南非

1 爪哇虎尾蘭
S. javanica Blume
原生地：印尼爪哇島

2 爪哇虎尾蘭
S. javanica (Variegated)

3
S. kirkii Baker 'Coppertone'
(Variegated)

4 風信子狀虎尾蘭
S. hyacinthoides (L.) Druce
原生地：南非
原學名為 *S. guineensis*。

5 馬諾林
S. hyacinthoides 'Manolin'

6 巴加莫約虎尾蘭
S. bagamoyensis N.E.Br.
(Variegated)
原生地：肯亞、坦尚尼亞

1 銀虎虎尾蘭
S. kirkii Baker 'Silver Blue'

2 銀虎虎尾蘭錦
S. kirkii 'Silver Blue'
(Variegated)

3 寶扇
S. masoniana Chahin.
原生地：索馬利亞

4 寶扇錦
S. masoniana (Variegated)

5 羅里達虎尾蘭
S. rorida (Lanza) N.E.Br. (Variegated)

① 姬鮑魚虎尾蘭

S. pinguicula P.R.O.Bally

原生地：肯亞

種名源自於拉丁文，意思為豐滿的。

② 佛手虎尾蘭

Sansevieria 'Boncel'

十多年前發現於印尼種植有許多虎尾蘭之苗圃，推測為自然雜交種。泰國虎尾蘭栽培社團社長於西元 2007 年首次將它引進泰國，成為流行栽培於辦公室的觀賞盆栽，能協助吸收電腦產生的輻射及環境中之化學物質。除了內需外，佛手虎尾蘭也為泰國栽培者賺進大量出口收益。

③ 弗拉 H13

Sansevieria 'Fla.H13'

本雜交種來自美國農業部 (U.S. Department of Agriculture, USDA) 為了從虎尾蘭屬植物中提取纖維之研究成果。

④ 暹羅金

Sansevieria 'Siam Gold'

虎尾蘭屬矮性雜交種
Sansevieria hybrid (Dwarf)
本屬間雜交是雲山花園 Unyamanee Garden 的 Pramote Rojruangsang 先生為了
滿足居家或是辦公室栽培需求所育成的矮性雜交種。

秋海棠科
Begoniaceae

秋海棠科僅含 2 個屬，分別為秋海棠屬 (*Begonia*) 及夏威夷秋海棠屬 (*Hillebrandia*)，但有高達 1,600 個物種。本科為雙子葉肉質植物，具有貯藏養分之地下根或鬚根；莖幹呈直立或蔓生於地面姿態，莖節清晰可見；單葉，葉基歪斜，葉形及葉斑多樣化；雌雄同株異花。秋海棠科植物不論在國內或國外皆為十分常見之景觀植物已久，已育成非常多雜交子代，且現今仍持續發現新的物種。

秋海棠屬 /*Begonia*

屬名源自於發現本屬植物時期，法屬加拿大及聖多明哥總督暨植物蒐藏家 Michel Bégon(西元 1638–1710 年) 之名。本屬約有 1,600 個物種，分布於全世界熱帶及亞熱帶地區，包含南美洲、非洲、亞洲至太平洋上的紐幾內亞島，在泰國也發現了 44 個原生種。

秋海棠屬為多年生草本植物，包含小灌木、藤蔓植物；莖幹呈匍匐或直立姿態，節間清晰可見；單葉互生，葉形不對稱，葉形及葉色多樣化；花序為總狀或複總狀花序，著生於近枝條近先端葉腋處，雌雄大部分同株異花，小花有白色、粉紅色、紅色、黃色、橘色等顏色，子房下位；果實為蒴果，成熟後開裂，內有非常多小種子。

秋海棠屬植物依照不同生長型態可劃分為 8 類，分別為根莖型 (Rhizomatous Begonia)、觀葉型 (Rex Begonia)、竹莖型 (Cane-like Begonia)、叢生型 (Shrub-like Begonia)、四季開花型 (Semperflorens Begonia)、懸垂型 (Trailing-scandent Begonia)、塊根型 (Tuberous Begonia) 及肉質莖型 (Thick-stemmed Begonia)，每一類的栽培方式不盡相同，有些物種喜好濕熱環境，有些物種則性喜冷涼環境。秋海棠為世界性之觀賞植物，性喜光照，但不喜烈日直曬，應種植於保水及排水良好之栽培介質中，許多人在室內栽培時，會將其栽種於裝設有照明之玻璃櫃中。以枝條或葉片扦插繁殖。

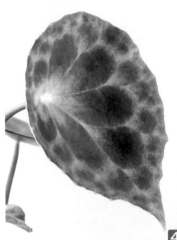

1 烏頭葉秋海棠
Begonia aconitifolia A.DC.
原生地：巴西

2 紡錘秋海棠
B. amphioxus Sands
原生地：婆羅洲

3 黑魔王秋海棠 /
　黑武士秋海棠
B. darthvaderiana C.W.Lin &
C.I.Peng
原生地：馬來西亞砂勞越
種名源自於 Star Wars 電影之
角色。

4 國王秋海棠
B. kingiana Irmsch.
原生地：泰國、馬來西亞

5 貓眼秋海棠
B. listada L.B.Sm. & Wassh.
原生地：巴西

6 秋海棠屬植物
Begonia sp.

1 阿帕契秋海棠
Begonia 'Apache'

2
Begonia 'Dollar Down'

3 聖誕秋海棠
Begonia 'Merry Christmas'

4
Begonia 'Joe Hayden'

5 小珠寶秋海棠
Begonia 'Tiny Gem'

6
Begonia 'Helen Teupel'

秋海棠屬雜交種
Begonia hybrid

鳳梨科
Bromeliaceae

鳳梨科為單子葉植物，大部分為旱生植物及多肉植物，分布於南美洲，超過 3,300 個物種。本科植物具有各式各樣之生長型態及植株外觀，許多物種常被作為觀賞植物用，合稱「觀賞鳳梨」。鳳梨科植物葉片輪狀互生，葉片或窄或寬，具花紋或不具花紋等變化，莖短縮，葉基部合生，葉序成葉杯的構造以利蓄水，有些物種之葉表被覆有灰白色絨毛 (trichome)，有些物種則無絨毛但被覆蠟質層；開花時植株先端葉片會轉色，花序大多為總狀、圓錐或穗狀花序，著生於植株中央，兩性花，小花數量多，每朵小花具 3 枚花瓣，有多種花色，例如白色、黃色、粉紅色、紫色等；果實包含漿果或蒴果，成熟後開裂，種子可用於繁殖。本科植物大多開花結實後母株即會慢慢死亡，但會萌發側芽取代原本的母株繼續生長下去。

許多觀賞用之鳳梨科植物具有美麗的葉片，例如隱花鳳梨屬 (*Cryptanthus*)、鶯歌鳳梨屬 (*Vriesea*) 及空氣鳳梨屬 (*Tillandsia*) 等，每個屬皆有育種家育成非常多外觀新奇之雜交子代。本科植物優點為生物多樣性高，且生性強健，在國外被廣泛作為室內觀賞植物栽培。鳳梨科植物大多性喜充足光照，但不耐陽光直曬，需栽培於窗邊或接近窗戶處以獲得足夠光線，亦適合用於臨時佈置妝點使用。

隱花鳳梨屬 /*Cryptanthus*

屬名源自於 2 個希臘文，kryptos 隱藏的及 anthos 花朵，指本屬花序隱藏於植株中央。隱花鳳梨屬約有 60 個物種，英文俗名為 Earth Star。本屬植物由於葉片顏色豐富，且花紋多樣，適合作為布置於房屋角落、窗戶邊的觀賞性盆栽植物，但其需要充足的光線，否則葉色會褪色，且植株會有徒長情形。隱花鳳梨屬植物開花後會萌發側芽，常以側芽分株繁殖，或利用雜交授粉以獲得新葉色之雜交子代，也有人進行本屬之雜交育種，並且已經有許多新品種登錄於觀賞鳳梨協會。

1 綠房子絨葉鳳梨
C. acaulis 'Jade'

2 虎紋小鳳梨（雜交種）
C. zonatus (Vis.) Beer
(hybrid)

3 非洲織紋（譯栽培種名）
Cryptanthus 'African Textile'

4 泰國之心
Cryptanthus 'Bangkok's Heat'

5 拿鐵
Cryptanthus 'Cafe Au Lait'

6 霜痕（譯栽培種名）
Cryptanthus 'Frostbite'

1 隱藏的愛（譯栽培種名）
Cryptanthus 'Invisible Love'

2 麗莎凡讚
Cryptanthus 'Lisa Vinzant'

3 肯凡讚
Cryptanthus 'Ken Vinzant'

4 粉絨小鳳梨
Cryrptanthus 'Pink Starlight'

5 紅星（譯栽培種名）
Cryptanthus 'Red Star'

6 理查德林
Cryptanthus 'Richard Lum'

1 草莓火焰
Cryptanthus 'Strawberry Flambé'

2 放射線
Cryptanthus 'Radioactive'

3 天堂路
Cryptanthus 'Highway to Heaven'

4 地獄門
Cryptanthus 'Gateway to Hell'

皮氏鳳梨屬 /*Pitcairnia*

　　屬名源自於英國醫生 William Pitcairn 之姓氏拉丁文化而來。本屬成員龐大，有多達 400 個物種，主要分布於南美洲，尤其以巴西、哥倫比亞及祕魯最多。皮氏鳳梨屬中許多物種非常適合作為室內觀賞植物，但給水需十分謹慎，若澆水過多會造成根部腐爛，但若水量過少則葉片容易乾枯。

血紅皮氏鳳梨
Pitcairnia sanguinea (H.E.Luther) D.C.Taylor & H.Rob.
原生地：哥倫比亞
種名意思為血色的，形容本物種鮮紅色的葉背及花序
非常吸睛。

鶯歌鳳梨屬 / *Vriesea*

　　屬名是為紀念荷蘭植物學家 Willem Hendrik de Vriese。本屬約有 400 個物種，分布於中美洲及南美洲。鶯歌鳳梨屬有許多雜交育種，且在許多國家有大量生產為盆栽植物。本屬當中許多種類的葉片十分美麗，非常適合作為室內裝飾植物，大部分的種類需栽培於遮陰、涼爽之環境中，且使用的栽培介質應有高保水性，如果種植於室內，應選擇體型小之植株，並栽植於生態玻璃容器中。

美葉鶯歌鳳梨
Vriesea fenestralis Linden & André
原生地：巴西

1 駝背山鶯歌鳳梨
V. corcovadensis (Britten) Mez
原生地：巴西

2 巨型鶯歌鳳梨
V. gigantea
原生地：巴西

3 象形文字鶯歌鳳梨
V. hieroglyphica (Carrière) É.Morren
原生地：巴西

1 瑪格莉特鶯歌鳳梨
Vriesea 'Margarita'
Vriesea 'Asahi' 與 *Vriesea* 'Red Chestnut' 之
雜交子代。

2 冰鎮薄荷酒鶯歌鳳梨
Vriesea 'Mint Julep'
Vriesea 'Intermedia' 之雜交子代。

3 紅栗子鶯歌鳳梨
Vriesea 'Red Chestnut'

4 毛納基之雪 / 火山雪鶯歌鳳梨
Vriesea 'Snows of Mauna Kea'
Vriesea 'White Lightning' 之雜交子代。

1 豹斑鶯歌鳳梨
Vriesea 'Splenreit'
V. splendens 之雜交子代，為葉片及花朵皆具
觀賞性之鶯歌鳳梨，性喜冷涼氣候。

3 鶯歌鳳梨雜交種
Vriesea hybrid
V. racinea 與 *V. fenestralis* 之雜交子代。

2 落日鶯歌鳳梨
Vriesea 'Sunset'
V. sucrei 與 *V. splendens* var. *formosa* 之雜交
子代。

4 鶯歌鳳梨雜交種
Vriesea hybrid
V. hieroglyphica 與 *V. fosteriana* 之雜交子代。

金絲桃科 / 藤黃科
Clusiaceae

本科許多人所熟知之科名為 Guttiferae，總共包含 13 個屬、超過 750 個物種，分布於熱帶地區。本科大多為灌木及大型喬木，植株含有乳白色乳汁，當劃破或折斷葉片即可見乳汁，乾燥後會凝固成膠狀樹脂，這有助於封閉傷口，以防止病原菌入侵感染。此外，花朵亦會分泌乳汁，當蜜蜂採集花粉、花蜜時，亦會採得樹脂，以作為用於築巢的成分之一。金絲桃科中有些物種果實可食用，常作為水果栽培，例如山竹 (*Garcinia mangostana*)、爪哇鳳果 (*Garcinia dulcis*) 及馬丹果 (*Garcinia schomburgkiana*) 等；許多物種亦是常見之觀賞植物，例如瓊崖海棠 (*Calophyllum inophyllum* L.) 及 *Mammea siamensis* 等。以高壓或播種繁殖。

胡桐屬 /*Calophyllum*

屬名源自於 2 個希臘文，kalos 美麗的及 phyllon 葉片，指本屬植物葉片美麗。胡桐屬約有 190 個物種，分布於亞洲、非洲、北美洲、南美洲、太平洋上之諸島及澳洲等地，在泰國共發現 17 個物種。

本屬為灌木或大型喬木，有些物種之株高可達 30 公尺，莖幹質地堅硬，應用價值高；全株具透黃色或乳白色乳汁；葉片為單葉，橢圓形，葉色為有光澤之綠色，花序為圓錐花序，著生於莖幹，大部分花瓣為白色，花粉為橙黃色，具淡淡的香氣；果實為圓形，未熟前為綠色，成熟時轉為紅棕色。胡桐屬有些物種具藥性，如瓊崖海棠油具有抗生素之功能及消炎成分。常以播種或高壓繁殖。

瓊崖海棠 / 紅厚殼 / 胡桐
Calophyllum inophyllum L.
原生地：非洲、東南亞至太平洋一帶諸島以及澳洲
瓊崖海棠作為庭園觀賞植物之歷史悠久，植株樹幅大，且株高可達 10
公尺；葉片深綠色，具有光澤；於冬末至夏季開花，花朵具強烈香氣；
果實圓形，可漂浮於水上，種子傳播能力佳。本物種生性強健，性喜
潮濕土壤，且耐鹽土，除了作為庭園觀賞植物外，因為植株十分耐陰，
亦可作為居家及辦公室植物。現今已有斑葉品種可供選擇。

書帶木屬 /*Clusia*

　　屬名源自於法國植物學家 Carolus Clusius 之名。本屬約有 350 個物種,分布於北美洲及南美洲,海平面至海拔 3,500 公尺高之地區。書帶木屬為中至大型灌木、喬木,有些物種之株高可達 20 公尺;莖幹及葉片具乳白色乳汁;單葉,葉片先端寬,葉基尖細,質地硬且厚,呈革質狀;花序為聚繖花序,每個花序具 1-3 朵小花,花瓣綻放時呈平展姿態,有多種花色,例如紅色、白色、黃色等,小花個別逐漸綻放;果實為圓形,狀似山竹,成熟時轉為棕色,呈輻射對稱開裂,內含 3-8 粒種子。本屬植物栽培容易又耐陰,可作為室內觀賞植物,但需要有日照。常以播種或高壓繁殖。

書帶木
Clusia major L.
原生地:美國、古巴、波多黎各及巴哈馬
書帶木野生植株會著生於石縫或攀附於大型植物上,具有許多氣生根。本物種由 Pittha Bunnag 教授自夏威夷引進泰國栽培,因葉片似魚鱗般厚,故取名為 Kletkraho(意為巨暹羅鯉之鱗片)。花朵白色,花瓣基部淺粉紅色,未開裂之果實狀似山竹,外殼為綠色,成熟時會開裂。

斑葉書帶木
C. major (Variegated)

滿美果屬 / *Mammea*

　有些文獻將滿美果屬歸類為胡桐科
(Calophyllaceae) 植物。本屬有 18 個物種，分布
於北美及南美之熱帶地區至西印度群島、熱帶非洲至
馬達加斯加島、東南亞至太平洋上諸島等地區。單葉，十
字對生，深綠色，質地厚，呈革質狀，葉脈明顯可見，葉
片先端鈍狀或內凹狀；花序為聚繖花序，著生於莖節處，
小花白色，具香氣；果實圓形，外殼為棕色，果肉軟，可
食用，內含 1-4 粒種子，種子橢圓形，棕色，可用於繁殖。

　滿美果屬為栽培容易的觀賞植物，性喜排水良好之壤
土、半日照或更短日照之環境，因為生性強健，且環境適
應力高，很常作為庭園景觀植物，或作為居家角落之室內
裝飾盆栽。

Mammea cf. *suriga* (Buch.-Ham. ex Roxb.) Kosterm.
近期由中國引進至泰國之觀賞植物。

鴨跖草科
Commelinaceae

鴨跖草科為單子葉植物，約有 40 個屬、650 個物種，分布於全世界溫帶及熱帶地區。鴨跖草科植物有多種生長型態，例如懸垂型、地面匍匐型或呈小灌木狀之姿態，為肉質草本植物；莖節上可長出不定根，莖部中具黏液；單葉，互生或螺旋狀排列，橢圓形，無葉舌，葉鞘筒狀包覆於莖部；花序為蠍尾狀聚傘花序 (cincinnus)，著生於植株先端，兩性花，具花瓣及萼瓣各 3 枚，花色有白色、粉色或紫色；果實為蒴果，成熟後開裂，內有黑色小種子。以扦插栽培、繁殖難度低。

大部分鴨跖草科植物於全日照下生長良好，因此許多物種常作為庭園景觀植物，例如大葉錦竹草屬 (*Callisia*)、巴西水竹草屬 (*Tradescantia*)；而有些屬則可作為室內植物，例如銀波草屬 (*Geogenanthus*)、水竹葉屬 (*Murdannia*) 及絨氈草屬 (*Siderasias*)。

大葉錦竹草屬 /*Callisia*

屬名源自於希臘文 kallos，意思為美麗的。本屬有 20 個物種，分布於北美洲及南美洲熱帶地區。大葉錦竹草屬為多年生小型草本植物，莖節短，匍匐蔓生於地面，或者莖節向上生長如草狀；花序著生於先端，花朵白色或紫色。本屬有許多物種為常見之景觀植物，以扦插繁殖，有資料指出，有些物種會引起貓狗皮膚搔癢症狀，例如大葉錦竹草 (*C. fragrans*)。

大葉錦竹草 / 斑葉香露草
Callisia fragrans (Lindl.) Woodson
原生地：墨西哥
本物種自西元 1900 年起開始被作為室內觀賞
植物，因植株長大成熟後，基部會長出走莖，
英文俗名被稱為 Basket Plant、Chain Plant。
大葉錦竹草除了原生於墨西哥外，在許多地
區已是外來歸化物種，例如臺灣、摩洛哥及
夏威夷等。東歐人會使用大葉錦竹草葉片治
療數種皮膚病。本物種生性強健，栽培容易，
有些植株葉片突變為白色，但若持續種植，
則會返祖成原本的綠色。

銀波草屬 /*Geogenanthus*

　　屬名源自於 3 個希臘文，geo 意思為地、gen 意思為產生，而 anthus 意思為花朵，指本屬花朵著生於莖幹靠近地面處。銀波草屬莖幹呈細長圓柱狀；葉片著生於莖部先端部分，每個枝條具有 1-3 枚葉片，葉片為全綠色、綠色具白斑，或是為深紫色。本屬有 3 個物種，分布於南美洲，耐陰性佳，性喜散射光環境，栽培介質需濕潤但忌積水，否則植株容易腐爛，應種植於排水良好之壤土。常以分株或枝條扦插繁殖。

毛花銀波草
Geogenanthus ciliatus G.Brückn.
原生地：厄瓜多爾、祕魯

水竹葉屬 /*Murdannia*

　　屬名源自於印度植物蒐集家暨薩哈蘭普爾 (Saharanpur) 市的植物標本館管理員 Murdan Ali。本屬有超過 50 個物種，分布於全世界熱帶地區。水竹葉屬為多年生小型草本植物，莖節短，莖部匍匐蔓生於地面，或者莖節向上生長如草狀；花序著生於植株先端，花瓣紫色或白色。水竹葉屬常見於潮濕地區或水邊，性喜半日照、潮濕又排水良好之環境。

燦星葶花水竹葉
Murdannia edulis (Stokes) Faden 'Bright Star'
原生地：泰國
自森林採集繁殖並在花市販售已有一段時間，在國外名為 *M. loriformis* 'Bright Star'，但事實上花朵形狀有好幾處與牛軛草 (*M. loriformis*) 不同。本品種是非常棒的盆栽植物，性喜明亮之光線，但忌烈日直射，適合栽培於窗邊或陽台邊。

巴拿馬草科
Cyclanthaceae

巴拿馬草科為單子葉植物，約有 12 個屬、至少有 230 個物種。本科為多年生木質草本灌木及附生植物；單葉互生，有些物種葉片呈皺摺狀，平行脈，葉柄長，葉柄基部呈包覆狀；花序為佛焰花序，具有佛焰苞。巴拿馬草科中有些物種可用來製成編織物，例如巴拿馬草 (*Carludovica palmate*) 的嫩葉，可用於製作巴拿馬草帽。現今有許多已經作為觀賞植物栽培，但其實是尚未經過科學研究與發表的新物種。

玉鬚草屬 / *Asplundia*

屬名源自於瑞典植物學家 Eric (Erik) Asplund 之名。本屬約有 100 個物種，分布於中美洲及南美洲，在野外生長於大型喬木下，或是攀附於其他植物上。玉鬚草屬植物具圓柱狀地下根莖，於莖節處著生根系；葉片大，無葉斑，常裂為二岔呈魚尾狀。玉鬚草屬知名度不高，性喜高空氣相對濕度之環境，耐陰性非常佳，相當適合作為室內植物，但請注意避免讓栽培介質過於乾燥。

玉鬚草屬植物
Asplundia sp.

環花草屬 /*Cyclanthus*

　　屬名源自於 2 個希臘文，kyklos 意思為圓圈，而 anthos 意思為花朵，指本屬花序由層層小花以環狀堆疊而成。環花草屬僅有 2 個物種，分布於拉丁美洲，為中型或大型灌木，株高 2-3 公尺；無地上莖部，僅有地下根莖；葉柄長，葉片大，狀似棕櫚科植物；花序長，由葉腋處抽出，具香氣。本屬植物性喜高空氣相對濕度及散射光環境，非常適合栽培於陰暗處作為點綴裝飾。常以分株或播種繁殖，但也有人以葉插法繁殖。

二叉巴拿馬草
Cyclanthus bipartitus Poit. ex A.Rich.
原生地：墨西哥、玻利維亞、祕魯、巴西、哥倫比亞、委內瑞拉

單肋草屬 /*Ludovia*

　　本屬有 3 個物種，分布於南美洲，在野外附生於大型植物上，或著生於地面。單肋草屬植物株高不高；葉片互生於同一平面呈扇形；花序著生於葉腋處，白色佛焰苞環繞於肉穗，雌蕊柱頭細長被覆於花序上。本屬植物栽培容易又耐陰，性喜散射光環境，適合作為室內觀賞植物。

披針葉單肋草
Ludovia lancifolia Brongn.
原生地：哥倫比亞、祕魯、委內瑞拉、巴拿馬、厄瓜多爾

大戟科
Euphorbiaceae

　　大戟科為雙子葉植物，有高達 229 個屬、超過 6,000 個物種，原生地環境多樣化，除了南極洲之外，於全世界皆有分布，包含乾燥地區或濕熱地區。本科植物特徵為全株具有乳白色或透明乳汁、雌雄同株異花，有許多屬為廣泛栽培之觀賞植物，例如變葉木屬 (*Codiaeum*)、大戟屬 (*Euphorbia*)、麻瘋樹屬 (*Jatropha*) 等。

變葉木屬 /*Codiaeum*

　　屬名源自於 kodiho 一詞，為印尼 Ternate 島上原住民稱呼本屬植物之名稱。變葉木屬約有 17 個物種，分布於東南亞至巴布亞紐幾內亞、澳洲等地區。本屬為多年生灌木，全株具透明乳汁，莖幹棕色，分支性強；單葉互生，有多種葉形，例如心形、圓形、披針形、長橢圓形及線形等，且具各式各樣不同的斑紋及鮮豔之葉色；花序為穗狀花序，著生於植株近先端葉腋處，花序直立，雌雄同株異花；果實圓型，內有種子，可用於繁殖。

　　在泰國變葉木的栽培歷史十分悠久，自拉瑪五世國王時代就已經開始種植，最早是由 Chao Phraya Pasakorawong 從印度引進泰國栽培，當初那株變葉木被命名為黑色的客人，是常栽植於房屋及廟宇周遭之品種。時至今日許多雜交品種都是出自於泰國人之手，並根據葉片形狀分類命名。

　　變葉木屬植物在雜交育種時，大多數會以變葉木 (*Codiaeum variegatum*) 作為親本之一。本屬植物在各國常作為室內觀賞植物，而在泰國則是以作為庭園觀賞植物為主，不過近年因為其葉色顏色鮮豔，且在室內能生長良好，所以也開始愈來愈流行作為室內植物栽培。變葉木屬植物性喜強光，需要足夠的水分及濕度才會生長得美麗，因此應選擇全天皆有光照處栽培，例如早上或下午半天日照之陽台，同時需要常常旋轉盆器面向，避免因向光性而使植株呈傾斜彎曲之姿態，如果日照不足，會使該品種葉色無法完全展現。

1 撒金變葉木
Codiaeum variegatum
'Maculatum'

2
Codiaeum variegatum
為國外品種,過去種植
於吉拉達 (Chitlada) 宮周
圍。

3
Codiaeum variegatum.

4 細葉變葉木
Codiaeum variegatum
'Punctatum'

5
Codiaeum variegatum

6
Codiaeum variegatum

7
Codiaeum variegatum

8
Codiaeum variegatum

9
Codiaeum variegatum
'Apple Leaf'

10
Codiaeum variegatum
'Magnificent'

苦苣苔科
Gesneriaceae

苦苣苔科的科名源自於瑞士哲學家及自然歷史學家 Conrad Gessner 之名，約有 152 個屬，不論是舊世界或新世界皆可見其蹤跡，可生存於不同的環境中，大多數生長於巨石或是峭壁上。本科有些屬為觀賞植物，已育成許多品種而在世界各地大受歡迎，並且可栽培於室內，例如：喜蔭花屬 (Episcia)。在國外甚至有專門研究及培育苦苣苔科植物之協會。

喜蔭花屬 /Episcia

屬名源自於希臘文 episkios，意思為陰暗的、陰影的，指本屬植物性喜生長於遮陰之環境。喜蔭花屬約有 10 個物種，分布於中美洲及南美洲。本屬為多年生蔓性草本植物，全株肉質；莖部有叢生狀的粗短莖及細長之匍匐走莖；單葉對生，卵圓形或橢圓形，葉片被覆有細軟毛；花朵著生於近植株先端之葉腋處，花朵基部呈筒狀，先端分裂為 5 瓣，花朵有白色、黃色、粉紅色、紅色或紫色。

喜蔭花屬植物在泰國被稱為天鵝絨地毯或日本地毯，常作為庭園觀賞植物或懸垂型吊盆植物。其性喜排水良好及保水性佳之栽培介質，忌積水；需要明亮的散射光環境，因此適合種植於室內，或者是有大型植物遮蔽之陽台邊，忌栽培於烈日之下，光線過強會導致植株枯萎，若是栽植於室內，應置於光線充足之處，勿使栽培介質過於潮濕，若種植於有空調的房間，則應與其他植物共同栽培，以增加空氣相對濕度，這樣植株才會生長良好，此外，也應時常拿到室外與其他植物輪替，以維持生長勢。

現今有許多泰國人從事喜蔭花屬植物之雜交育種，尤其是匍匐喜蔭花 (E. reptans) 及銅葉喜蔭花 (E. cupreata) 常被拿來作為雜交親本。以下介紹一些容易栽培且能夠在花市買到的熱門喜蔭花品種。

1
Episcia 'Acajou'

2 巧克力戰士
Episcia 'Chocolate Soldier'

3 粉紅喜蔭
Episcia 'Cleopatra'

4 弗史迪
Episcia 'Frosty'

5 吉姆·達芙妮的選擇
Episcia 'Jim's Daphne's Choice'

6 奇異（譯栽培種名）
Episcia 'Kee Wee'

7 李檸檬（譯栽培種名）
Episcia 'Lil Lemon'

8 馬泰莉卡
Episcia 'Metallica'

9 網紋喜蔭
Episcia 'Musaica'

10 粉紅阿卡茹
Episcia 'Pink Acajou'

11 粉紅豹
Episcia 'Pink Panther'

12 紅寶石禮服
Episcia 'Ruby Red Dress'

13 銀色天空
Episcia 'Silver Skies's'

14 三色
Episcia 'Tricolor'

血皮草科
Haemodoraceae

　　血皮草科有 14 個屬，超過 100 個物種，分布於非洲、澳洲、北美洲及南美洲。本科大多數為小型或中型灌木植物；葉片肉質，硬且厚，被覆有微毛；花序直立或稍微傾斜，有些物種之花朵十分美麗奪目。血皮草科在溫帶地區或冷涼地區被當作觀賞植物栽培，例如袋鼠爪屬植物 (*Anigozanthos*)，經過育種已有各式各樣吸睛之花色。

鳶尾草屬 / *Xiphidium*

　　本屬為多年生草本植物，莖部節間短；葉片為單葉，互生於同一平面呈扇狀姿態，披針形，先端長且尖銳，微微向下彎曲；花序為聚繖圓錐花序，著生植株先端，花朵小，花瓣為白色；果實小，圓形，成熟時會轉為橘紅色。鳶尾草屬有 2 個物種，分布於中美洲及南美洲，被廣泛作為觀賞植物栽培，此外，*X. caeruleum* 具有瀉藥成分，為民俗藥草，且仕泰國文獻中認為是具有保平安之作用。本屬植物栽培非常容易且生長快速，性喜散射光，若日光直射，容易有葉燒情形發生，應種植於排水良好之壤土。常以分株繁殖。

Xiphidium caeruleum Aubl.
原生地：中美洲至南美洲
蘭花蜜蜂 (*Euglossine*) 喜歡吸食花朵內之花蜜以收集油脂。

錦葵科
Malvaceae

錦葵科為雙子葉植物，有245個屬、超過4,000個物種，分布於熱帶國家，包含觀葉植物、果樹、蔬菜及多肉植物等類型。本科特徵為全株具透明黏液；單葉互生，具明顯托葉，葉緣呈鋸齒狀；花序為聚繖花序，著生於植株先端，每個花序具1-2朵小花，花朵為兩性花或雌雄異花，雌蕊花柱長，先端柱頭分裂為5枚，雄蕊數量多；果實為蒴果或為離生果，成熟時開裂。

馬拉巴栗屬 /*Pachira*

屬名源自於蓋亞那原住民稱呼本屬植物之名，本屬原先被歸類於萌生木棉屬 (*Bombacopsis*) 中。馬拉巴栗屬約有50個物種，分布於中美洲及南北州等地。本屬植物株高可達20公尺，有些物種莖幹會肥大以貯存水分；葉片為掌狀複葉，小葉5-9枚，橢圓形或披針形，葉片先端鈍狀或銳狀；花序為聚繖花序，著生於植物先端，花朵為兩性花，花瓣厚且細長，雄蕊數量多；果實為大型橢圓狀蒴果，棕色，果殼厚，成熟時開裂，內有大型種子，種子被覆有毛狀物。

馬拉巴栗
Pachira aquatica Aubl.
原生地：中美洲至南美洲
在原生地生長於潮濕地區，引進泰國栽培已長達40年，不論在日照直射或弱光之處皆能生長良好。
助理教授 Chirayupin Chantaraprasong 表示馬拉巴栗是在清邁的茵他儂皇家項目 (Royal Project Inthanon) 中首次進行栽培試驗，當時為了鼓勵山地部落種植，並收集其種子加工成乾豆食用，英文俗名為 Malabar Chestnut(即馬拉巴栗)，後來馬拉巴栗成為室內開運植物，相信它能帶來好運，因而被稱為發財樹或招財樹 (Money Tree) 等。

竹芋科
Marantaceae

竹芋科植物共有29個屬，分布於全世界除了澳洲之外的熱帶地區，由於葉片葉間會向上舉起閉合，與祈禱的手勢相似，所以英文俗名為祈禱植物 (Prayer Plant)。

竹芋科為單子葉多年生草本植物，地下部具有根莖或塊莖，地上部呈叢生姿態；單葉互生，葉基單側歪斜，在葉身與葉柄間具有狀似關節的葉枕，當晚上葉枕內貯水細胞充水時，葉片即會上舉。本科中許多屬具有美麗的葉片，常作為廣受栽培之觀賞植物，例如錦竹芋屬／櫛花芋屬 (*Ctenanthe*)、竹芋屬 (*Maranta*)、紫背竹芋屬 (*Stromanthe*) 及肖竹芋屬 (*Goeppertia*) 等。

竹芋科的每個屬皆為栽培容易的觀賞植物，性喜高相對空氣濕度、半遮陰以下及涼爽之環境，若栽培地點相對空氣濕度不足，應定時噴霧以加濕，並且控制環境溫度勿過高。竹芋作為室內觀賞植物栽培，建議種植於排水良好之土壤或是砂質壤土，濕潤但不積水，因為竹芋性喜明亮的光線，所以應放置於北面、西面或東面，但是不可置於迎風處，會使葉緣乾枯造成損傷。若栽培環境不適宜，葉片會不斷乾枯及捲曲，有一個方法是在竹芋附近種植許多株植物，以互相保持相對空氣濕度，如此生長狀況會較單株栽培來得更佳。常以分株繁殖。

錦竹芋屬（櫛花芋屬）/*Ctenanthe*

屬名源自於2個希臘文，分別為 kteis 梳子及 anthos 花朵，指本屬植物苞片排列如梳子般。錦竹芋屬有15個物種，分布於中美洲及南美洲。本屬植物之地下部具有蔓生之根莖，地上部則呈低矮之叢生姿態；葉片狀似環生於植株四周；花朵白色或黃色。

柳眉竹芋
Ctenanthe burle-marxii H.A.Kenn.
原生地：巴西

銀羽竹芋
C. setosa (Roscoe) Eichler
原生地：巴西

灰星竹芋
C. setosa 'Grey Star'

肖竹芋屬 /*Goeppertia*

　　本屬於西元 1831 年在 Linnaea 期刊中首次被歸類為竹芋科，屬名應是源自於德國植物學家 Johann Heinrich Robert Göppert 之名。肖竹芋屬約有 248 個物種，幾乎所有物種皆曾被歸類為孔雀竹芋屬 (*Calathea*) 植物，但後來經過許多研究，才移至本屬中。

　　肖竹芋屬分布於北美洲及南美洲，為多年生草本植物，具有可貯藏養分之地下根莖，植株呈叢生姿態，株型有低矮亦有高大者，過去的觀葉植物玩家常稱葉片短圓者為雌竹芋，葉片狹長者為雄竹芋。本屬除了作為觀賞植物之外，南美洲原住民會將某些物種的葉片用於製作編織物來盛裝食物。

1 銀葉肖竹芋
Goeppertia argyrophylla (Linden ex K.Koch)
Borchs. & S.Suárez
原生地：巴西東南部
本物種葉片表面具有銀綠色光澤，因此英
文俗名又稱 Silver Calathea，而其葉背為
鮮紅色，但有些植株葉背為綠色。

2 葉背綠色的銀葉肖竹芋

1 麗斑竹芋 / 斑竹麗葉竹芋
G. bella (W.Bull) Borchs. & S.Suárez
原生地：巴西

3 卡麗娜
Goeppertia 'Carlina'
麗斑竹芋 (*G. bella*) 及 *G. vaginata* 之雜交後代。

2 馬賽克竹芋
G. bella 'Network'
原生地：巴西
原先學名為 *Calathea musaica*。

4 青紋竹芋
G. elliptica (Roscoe) Borchs. & S.Suárez 'Vittata'
原生地：巴西、哥倫比亞、蘇利南共和國、法屬圭亞那、委內瑞拉

箭羽竹芋
G. lancifolia (Boom) Borchs. & S.Suárez
原生地：巴西

1 白竹芋
G. louisae (Gagnep.) Borchs. & S.Suárez
原生地：巴西

2 白竹芋錦
G. louisae (Gagnep.) Borchs. & S.Suárez
(Variegated)
原生地：巴西

3 紅羽竹芋 'Albo-lineata'
G. majestica (Linden) Borchs. & S.Suárez
'Albo-lineata'
原生地：南美洲之亞馬遜盆地

4 紅羽竹芋／紅紋竹芋 'Roseo-lineata'
G. majestica 'Roseo-lineata'
原生地：蓋亞那共和國、哥倫比亞及厄瓜多爾

1 孔雀竹芋
G. makoyana (É.Morren)
Borchs. & S.Suárez
原生地：巴西

2 翠葉竹芋
G. mirabilis (Jacob - Makoy
ex É.Morren) Borchs. &
S.Suárez
原生地：巴西

3 青蘋果竹芋／圓葉竹芋
G. orbifolia (Linden) Borchs. &
S.Suárez
原生地：巴西

4 大葉竹芋
G. ornata (Linden) Borchs. &
 S.Suárez 'Sanderiana'
原生地：哥倫比亞、委內瑞拉

5 紋斑竹芋
G. picturata (K.Koch &
Linden) Borchs. & S.Suárez
'Argentea'
原生地：巴西

6 花紋竹芋／彩斑竹芋
G. picturata 'Vandenheckei'
原生地：墨西哥

1 彩虹竹芋
C. acaulis 'Jade'
原生地：巴西
英文俗名為 Painted Calathea-
Rose，葉片大且圓潤，十分
美麗奪目，現今有選育出非常
多雜交種，是非常受歡迎的竹
芋種類，廣泛作為觀賞植物栽
培。

2-**4** 彩虹竹芋（雜交種）
Cryptanthus 'African Textile'
印尼育種家的雜交作品，尚未
命名。

5 日冕竹芋
Cryptanthus 'Cafe Au Lait'

6 月亮女神竹芋
Cryptanthus 'Frostbite'

1 多蒂彩虹竹芋
G. roseo-picta 'Dottie'

2 美麗竹芋
G. roseo-picta 'Illustris'

3 黑玫瑰竹芋 /
大獎章彩虹竹芋
G. roseo-picta 'Medallion'

4 銀盤
G. roseo-picta 'Silver Plate'

5 月光
G. roseo-picta 'Moon Glow'
原生地：巴西

6 莎維亞
G. roseo-picta 'Sylvia'

7 西羅魏
G. roseo-picta 'Silhouette'

1 紫背竹芋／劍葉竹芋
G. rufibarba (Fenzl) Borchs. & S.Suárez
原生地：巴西
本物種葉柄及葉背被覆有毛，有 2 種類型，
葉背為綠色者稱為緞帶綠，而葉背紅色者稱
為緞帶紅。

2 銀邊竹芋／銀波肖竹芋
G. undulata (Linden & André) Borchs. & S.Suárez
原生地：巴西

美麗竹芋 / 安娜竹芋 / 貓眼竹芋
G. veitchiana (Veitch ex Hook.f.) Borchs. & S.Suárez
原生地：厄瓜多爾
由英國植物獵人 Richard Pearce 於西元 1862 年所發現，種名源自於當時他的僱主 James Veitch 之名，亦即相當著名之植物苗圃公司 James Veitch & Sons 的老闆。美麗竹芋 (*G. veitchiana*) 與原生於祕魯及厄瓜多爾的 *G. pseudoveitchiana* 外觀相似，不同之處在於美麗竹芋葉片較厚，且葉柄被覆有剛毛；而 *G. pseudoveitchiana* 之葉片薄、葉柄平滑。

1 瓦氏竹芋／瓦氏肖竹芋／
　紫背天鵝絨竹芋／黑天鵝竹芋
G. warszewiczii (L.Mathieu ex Planch.)
Borchs. & S.Suárez
原生地：哥斯大黎加、尼加拉瓜
在野外瓦氏竹芋的花朵與玫瑰花外型相似，
因而英文俗名稱為 Rose Calathea，同時是
長舌蜂 (Euglossine) 的蜜源植物。長舌蜂是
非常棒的傳粉者，當長舌蜂努力吸食藏於花
朵深處的花蜜時，雌蕊受到觸發會捲起，柱
頭隨之擦過長舌蜂，將長舌蜂身上攜帶的外
來花粉沾走完成授粉，而隨著雌蕊進一步捲
曲，位於柱頭背面的花粉附著區接著擦過長
舌蜂，將花粉附著區的花粉沾在長舌蜂身上，
隨著長舌蜂飛至其他植株繼續採蜜時，其攜
帶的花粉授粉於其他植株。

2 沃特肖竹芋
G. wiotii (É.Morren) Borchs. & S.Suárez
原生地：巴西

1-**2** 斑馬竹芋

G. zebrina (Sims) Nees, Borchs. & S.Suárez

原生地：巴西東南部

斑馬竹芋引進泰國栽培已有數十年之歷史，泰國人稱葉背為綠色者為「斑馬」，而葉背帶有淡紫紅色者為「老虎」。

3

Goeppertia 'Helen Kennedy'

品種名是為紀念竹芋植物專家 Dr. Helen Kennedy，但尚無文獻明確指出本品種究竟是原生種或雜交種。

竹芋屬 /*Maranta*

　　屬名是為紀念發現本屬之義大利植物學家 Bartolomeo
Maranta。竹芋屬有 41 個物種，分布於中美洲或是南美
洲地區。本屬植物具有貯藏養分功能之棍棒狀地下根
莖，其中連接地上部的一端較為纖細；葉片卵形或橢圓
形，花序為總狀花序，每個花序有 2 朵小花，小花白
色。竹芋屬常作為庭園景觀地被植物，也相當適合作為
盆栽，性喜遮陰環境；有些物種之地下根莖可作為藥草
或是食物。

Maranta Euconeura É.Morren
原生地：巴西

1 豹紋竹芋
M. leuconeura É.Morren 'Fascinator'
原生地：巴西

2 紅脈豹紋竹芋
M. leuconeura var. *kerchoveana*
(É.Morren) Petersen
原生地：巴西
本物種性喜高空氣相對濕度，應避免置
於受風吹拂或是空調風口直吹之處。

3 竹芋屬植物
Maranta sp.
為斑葉種竹芋，栽培歷史已久，但不會
開花。

穗花柊葉屬 / *Stachyphrynium*

　　屬名源自於 2 個希臘文，stachys 意思為穗狀花序 (spike)，而 Phrynium 則是竹芋科之另一個屬，即苳葉屬，合起來指具有穗狀花序之苳葉屬植物。本屬發表於西元 1902 年，有 9 個物種，分布於亞洲，例如泰國、緬甸、寮國、中國、越南、印度等地區。穗花柊葉屬植株低矮，為小型灌叢狀草本植物，地下部具有匍匐性根莖，常大群群生於高濕度或溪流旁之疏林及竹林，可以作為不錯的觀賞盆栽植物。

匍匐穗花柊葉
Stachyphrynium repens (Körn.) Suksathan & Borchs.
原生地：泰國南部及印度，異名為 *S. jagorianum*。

紅裏蕉屬（紫背竹芋屬／臥花竹芋屬）/*Stromanthe*

　　屬名源自於 2 個希臘文，分別為 stroma 床及 anthos 花朵，指本屬花序形狀扁平如床。紅裏蕉屬有超過 20 個物種，分布於北美洲及南美洲。本屬為矮性灌叢狀草本植物，葉片互生於同一平面，葉柄短；總狀花序，花朵紅色、粉紅色或橘色。

1

1 紅裏蕉
Stromanthe thalia (Vell.) J.M.A.Braga
本物種異名為 *S. sanguinea*，栽培及繁殖難度低，忌陽光直射，
否則容易造成葉燒。其非常受歡迎的斑葉品種即為艷錦竹芋
(*Stromanthe thalia* 'Triostar')。

2 艷錦竹芋
Stromanthe thalia 'Triostar'
本物種形狀與錦竹芋 (*Ctenanthe oppenheimiana* 'Tricolor') 相似，
但葉片較長，且植株較低矮。

桑科
Moraceae

　　桑科有超過 48 個屬、至少 1,200 個物種，分布於全世界熱帶地區，以 Fig Family 之名廣為人知。本科含括喬木、灌木、及藤本植物，全株具有白色乳汁；單葉，互生或對生，具有多種葉形，例如橢圓形、卵形、披針形、心形，葉片厚，有些物種被覆有毛狀物；花序著生於葉腋處，由許多密集的小花組成為穗狀花序、總狀花序、頭狀花序或隱頭花序；果實為許多瘦果所組成，瘦果包覆於肉質之花被中，或是集生於膨大之花托上。桑科中常作為觀賞植物者為榕屬 (*Ficus*) 植物，也有一些生性耐旱可作為多肉植物者，例如琉桑屬 (*Dorstenia*) 植物。

榕屬 /*Ficus*

　　屬名源自於拉丁文 fig，形容本屬植物果實之形狀。榕屬分布於全世界熱帶地區，有超過 800 個物種。本屬包含喬木、灌木及藤本植物，全株具混濁白色乳汁；葉片具有多種形狀，例如卵形、橢圓形及長橢圓形等，互生或對生，幼葉具有托葉保護，當葉片展開時會脫落；果實圓形或橢圓形，成熟後轉為粉紅色或紅色，有些物種之果實可食用，例如無花果 (*F. carica*)。榕屬植物大多分是植物愛好者所熟知已久的觀賞植物。

　　榕屬植物特別是小葉片的種類，在戶外強光環境能生長良好，但是有許多物種拿來在室內栽培時，亦能適應中低日照或是間接之散射光源環境，只不過葉片通常會變得較大片。這些植物適合置於窗戶旁或日光能曬到之處，如果置於低日照之角落，應定期將植株與別的植物交替輪流移置戶外接受自然光照，因為榕屬植物若長時間日照不足，會出現下位葉脫落之現象，進而影響應有之美觀。

印度橡膠樹

F. elastica Roxb. ex Hornem.

原生地：印度、尼泊爾、不丹、緬甸、中國、馬來西亞、印尼等

種名意思為橡膠，指本植物之白色乳汁。印度橡膠樹為大型植物，地植的植株高可達 30 公尺；葉片大，呈橢圓形，葉芽有粉紅色托葉所覆蓋保護，葉柄淡紅色。本物種不論露天栽培或栽植於低光之環境中皆能生長良好，因此自 19 世紀即開始被當作室內觀賞植物，生長快速，栽培容易，成株後樹幹會長出氣生根，懸垂而下之姿態十分美麗。現今已有育成斑葉及矮性的品種。

1 黑葉印度橡膠樹
F. elastica
具 有 多 種 商 品 名 ， 例 如
Burgundy、Black Burgundy、
Black Prince 等。

2 斑葉印度橡膠樹
F. elastica 'Schrijveriana'

3 錦葉印度橡膠樹
F. elastica 'Doescheri'

4 美葉印度橡膠樹
F. elastica 'Tricolor'

5 矮性印度橡膠樹
F. elastica (Dwarf)

1 長葉垂榕
F. maclellandii King
原生地：中國、印度、東南亞
有許多物種外觀特徵與其相似，特別是亞里
垂榕 (*F. binnendijkii*)，不同之處在於長葉垂榕
之托葉被覆有柔毛。現今有選育出斑葉、葉
片較長或特別狹長等品種。

2 絨毛榕
F. velutina Humb. & Bonpl. ex Willd.
原生地：巴西、哥斯大黎加

琴葉榕

F. lyrata Warb.

原生地：非洲西部

種名指葉片形態與豎琴前身里拉琴相似，而英文俗名為 Fiddle-leaf Fig。本物種分布於喀麥隆至獅子山共和國之熱帶雨林中。琴葉榕之葉片大且厚，在野外可見其附生於大樹之冠叢上，然後根系慢慢向下生長直至地面，若是地植於土中，株高可達 5-12 公尺，但可以透過栽培控制來減緩其生長速度。琴葉榕不喜強光，在少光環境中生長良好且葉片不容易脫落，因此成為相當好用的室內盆栽植物，在西元 1993 年更獲得英國皇家園藝學會 (Royal Horticultural Society, RHS) 的優秀園藝獎 (Award of Garden Merit, AGM) 獎項殊榮，現今已育成矮性及斑葉之品種。

1 矮性琴葉榕
F. lyrata (Dwarf)

2 斑葉琴葉榕
F. lyrata (Variegated)

3 非洲巨葉榕
F. lutea Vahl
原生地：非洲

4 斑葉羊乳榕
F. sagittata Vahl (Variegated)
原生地：印度、中國、東南亞

蘭科
Orchidaceae

蘭科為單子葉植物，即大家所熟知的蘭花，有將近 900 個屬、約 27,000 個物種，為被子植物之第二大科，僅次於菊科 (Asteraceae) 植物。本科分布於全世界除了極地以外之地區，從熱帶至寒帶皆可見其蹤跡。蘭科生物多樣性高，有形形色色之生長形態，包含附生蘭及地生蘭；以莖幹型態則可區分為複莖蘭或單莖蘭，單莖蘭株高甚至可高於 1 公尺；單葉，葉片形狀有狹長形、披針形或橢圓形，葉片有薄有厚；花朵大小有迷你型至大型，有些物種花朵顏色十分吸睛或具有香氣，是有潛力的觀賞植物。除了花朵美麗的蘭科植物，仍有許多物種花朵小而不起眼，但葉片上具有美麗的花紋，這類植物是被稱為寶石蘭類 (Jewel Orchid) 之觀葉型蘭花，例如金線蓮屬植物 (*Anoectochilus* spp.) 及血葉蘭 (*Luisia discolor*)，現今相當受到大眾喜愛，常被拿來種植於生態玻璃容器中，以妝點室內環境。

金線蓮屬（開唇蘭屬）/*Anoectochilus*

屬名源自於 2 個希臘文，anoektos 意思為開，而 chilus 意思為唇，指本屬唇瓣明顯向外展開之形狀。約有 46 個物種，在泰國分部有 12 個物種。本屬為小型地生蘭類，性喜腐植土，莖部肉質，具有沿地面匍匐生長之根莖；葉片圓形或橢圓形，葉面上具有多種紋路，紋路顏色亦有不同的變化；花序頂生，直立狀，唇瓣邊緣呈魚骨狀或鬚狀，花瓣黃色或白色。本屬植物性喜冷涼氣候及高濕度環境，廣泛作為觀賞植物栽培，在生態玻璃容器中生長良好。常以組織培養或分株繁殖。

白脈金線蓮
Anoectochilus albolineatus E.C.Parish & Rchb.f.
原生地：東南亞
圖片提供：Pavaphon Supanantananont

沼蘭屬 /Crepidium

　　屬名源自於希臘文 krepidion，意思為小鞋子，形容本屬植物唇瓣形狀。沼蘭屬約有 260
個物種。本屬為小型蘭花，具有倒伏蔓生狀之根莖，多為地生蘭，在原生環境中生長於潮
濕陰暗的森林地面，少數為附生蘭；葉面具縱向摺紋，先端銳狀；花序著生於植株先端，
花朵小，唇瓣位於花朵上方，呈翻轉倒生形態；果實為小型蒴果，綠色，成熟時轉為棕色，
內有非常多種子。

　　沼蘭屬植物於雨季時生長，在其他季節則進入休眠狀態，許多物種被拿來作為觀賞植物
栽培，其性喜保水性佳、但不過濕之栽培介質，需栽培於散射光環境中，忌種植於日照直
射處，有些物種在生態玻璃容器中可生長良好。常以分株繁殖。

美葉沼蘭
Crepidium calophyllum (Rchb.f.) Szlach.
原生地：東尼泊爾到婆羅洲
原學名為 *Malaxis calophylla*。美葉沼蘭葉片具
相當多種葉色及花紋，有的葉片為全綠，亦有
具花紋者。常生長於落葉腐植之森林中，僅有
一個生長季，在雨季時會長新葉及莖幹，而在
其他季節時則進入休眠僅剩下既有莖部。

雲葉蘭屬 /*Nephelaphyllum*

　　屬名源自於 2 個希臘文，分別為 nephela 雲狀的及 phyllon 葉片，指本屬植物葉片上具有朦朧之雲狀斑塊。雲葉蘭屬共有 11 個物種，本屬為小型蘭花，莖部有匍匐生長之根莖，以及呈圓棒狀林立之深紫色假球莖；葉片為披針形，先端銳狀；花序著生於新生之假球莖先端，花朵小，唇瓣位於花朵上方，呈翻轉倒生形態。本屬植物於雨季時生長，在其他季節則進入休眠狀態，有些被拿來作為觀賞植物。常以分株繁殖。

雲葉蘭
Nephelaphyllum tenuiflorum Blume
原生地：東南亞

血葉蘭屬 /Ludisia

　本屬僅有1個物種，分布於中國及東南亞，泰國人稱之為「淘金草」或「金色波紋」。
血葉蘭屬植株體型小；莖部節狀，具有蔓生之根莖，匍匐生長於地面或潮濕之岩石上；單
葉，深綠色，葉片上具有金紅色或白色之線條；花序呈直立狀，花瓣為白色，蕊柱為黃色。
本屬植物性喜散射光、潮濕但不積水之環境，在微型生態玻璃容器中可生長良好。

血葉蘭 / 石蠶
Ludisia discolor (Ker Gawl.) A.Rich.

彩葉蘭屬 /*Macodes*

　　屬名源自於希臘文 macros，意思為長的，應指本屬植物之大型唇瓣。彩葉蘭屬為地生蘭，共有 11 個物種，分布於東南亞至新幾內亞島、索羅門群島以及太平洋其他群島上潮濕之熱帶雨林中。流行種植於生態玻璃容器中。

電光寶石蘭
Macodes petola (Blume) Lindl.
原生地：東南亞
圖片提供：Pavaphon Supanantananont

露兜樹科
Pandanaceae

　　露兜樹科為單子葉植物，僅有 4 個屬，超過 1,000 個物種，分布於熱帶地區，包含有馬來西亞、印尼、菲律賓、巴布亞紐幾內亞、中國南部、日本、非洲及美洲部分地區。本科中為泰國人所熟知的植物為「七葉蘭」，自古即用於為美味的甜點增添香氣及顏色，同時也一直是與蘭花一起搭配使用之切葉植物。

山露兜屬（藤露兜屬）/Freycinetia

　　屬名源自於法國海軍上校 Louis de Freycinet 之名。本屬約有 300 個物種，分布於南亞熱帶及亞熱帶地區，自斯里蘭卡東部至東南亞一帶、澳洲北部及紐西蘭等地。山露兜屬為叢生攀緣性植物；葉序呈螺旋狀，葉片細長，具摺痕，先端尖細狀，葉緣及葉背中肋周圍具細小刺；花序為穗狀花序，著生於植株先端，圓筒狀，具有橘色或紅色之苞片，雌雄異花；果實為核果。

　　本屬植物在國外為常見之庭園觀賞植物，且其在散射光源環境中能夠生長良好。山露兜屬植物應種植於保水性佳之栽培介質，以及高空氣相對濕度之環境中。以分株繁殖，當植株姿態開始呈歪斜攀緣狀時，應適時修剪以維持優美姿態，並可將修剪下之枝條用於繁殖。

**馬來西亞砂勞越州 (Sarawak state)
之山露兜屬物種**
Freycinetia sp.

露兜樹屬 /*Pandanus*

　　屬名源自於 pandang 一字，為馬來人對本屬植物之稱呼。露兜樹屬有超過 750 個物種，分布於東南亞從馬來西亞至澳洲一帶，生長於水岸邊或潮濕之地。本屬植物葉序呈螺旋狀，似鏍絲釘，因此英文俗名得名為 Screw Pine，葉緣具小刺或無刺；花序為穗狀花序，花朵雌雄異株，具香氣。

　　露兜樹屬被作為庭園觀賞植物的有禾葉露兜樹 (*P. pygmaeus*)、金邊露兜 (*P. pygmaeus* 'Golden Pygmy') 及斑葉林投，但若種植於室內，應每週將之移至室外接受日照。本屬植物栽培難度低，性喜濕潤之栽培介質，勿讓栽培介質乾燥，性耐陰，若栽植於戶外庭園，植株幼年時應種植於散射光環境中，隨著株齡增加，植株會愈來愈耐強光直射，但同時須保持栽培介質水分及維持空氣相對濕度。常以分株繁殖。

七葉蘭 / 香林投 / 斑蘭 / 碧血樹
Pandanus amaryllifolius Roxb.
原生地：東南亞
葉片具有香氣，常用於襯托甜點，使其看起來更加美味；另一種用途是作為與蘭花搭配之切葉材。若將其插於花瓶中，不久便會在水裡發根，可以拿來做為繁殖用。

胡椒科
Piperaceae

胡椒科為雙子葉植物，有 13 個屬，超過 2,500 個物種，分布於全世界熱帶及亞熱帶地區。本科包含有草本、灌木、藤本及小型喬木；全株具揮發性精油，捏碎後可聞到香氣；花序為穗狀花序，呈直立線形姿態，小花數量多。胡椒科中許多物種為泰國民間之蔬菜或藥草，例如蔞葉 (*Piper betle*)、假蒟 (*P. sarmentosum*)、假蓽拔 (*P. retrofractum*) 及草胡椒 (*Peperomia pellucida*) 等。

椒草屬 /*Peperomia*

屬名源自於 2 個希臘文，分別為 peperi 胡椒及 homoios 相似的，指本屬植物花朵形態與胡椒屬植物 (*Piper*) 相似。椒草屬有超過 1,000 個物種，分布於全世界熱帶及亞熱帶地區。本屬大部分為多年生草本植物，全株肉質；葉片有多種葉形，例如橢圓形、圓形、心形等；花序為穗狀花序，小花數量繁多。本屬植物性喜通氣性及排水性佳，但亦保濕之栽培介質，不喜強光直曬，應種植於遮陰或是明亮之散射光之環境，適合栽培於窗戶邊或是陽台邊，大多作為小型盆栽植物。以分株或扦插繁殖。

西瓜皮椒草
Peperomia argyreia Morr
原生地：巴西、厄瓜多爾、委內瑞拉
英文俗名為 Watermelon Begonia 及 Watermelon Pepper。

1 紅邊椒草
P. clusiifolia (Jacq.) Hook.
原生地：西印度群島

2 五彩椒草 / 彩虹椒草
P. clusiifolia (Jacq.) Hook. 'Jewelry'
原生地：婆羅洲

3
P. pseudovariegata C.DC.
原生地：哥倫比亞、厄瓜多爾

1 皺葉椒草
P. caperata Yunck.
原生地：巴西

3 貝殼椒草
P. metallica Linden & Rodigas
原生地：祕魯、哥倫比亞

2 斑葉皺葉椒草
P. caperata (Variegated)
原生地：巴西

4 圓葉椒草
P. obtusifolia (L.) A.Dietr.
原生地：墨西哥至西印度群島及南美洲北部

1 斑葉圓葉椒草
P. obtusifolia (Variegated)

3 斑葉垂椒草
P. serpens (Variegated)

2 垂椒草
P. serpens (Sw.) Loudon
原生地：墨西哥至南美洲
垂椒草為生性強健之室內觀賞植物，於光線
微弱或散射光源環境中能生長良好，葉片會
呈現具有光澤之綠色。

4 白脈椒草
P. tetragona Ruiz & Pav.
原生地：玻利維亞、巴拉圭、祕魯
白脈椒草為小型椒草屬植物，莖幹呈匍匐蔓
生姿態，葉片僅 1-1.5 公分大。

胡椒屬 /*Piper*

屬名源自於拉丁文。本屬約有 1,500 個物種，分布於全世界熱帶國家。胡椒屬為灌木或藤本植物，植株隨株齡增加而木質化；單葉互生，葉片心形；花序為穗狀花序，小花數量繁多，兩性花。

胡椒屬植物栽培歷史非常悠久，被作為香藥草，例如黑胡椒 (*Piper nigrum*)；有些物種相當適合作為地被植物，例如栽培容易的假蒟 (*P. sarmentosum*) 及蓽拔 (*Piper longum*)。胡椒屬物種於少光環境中能生長良好，所以適合作為室內觀賞植物。常以扦插繁殖。

1 雨林胡椒
Piper crocatum Ruiz & Pav.
原生地：蘇拉威西島
雨林胡椒為觀賞藤本植物，特徵在於其深綠色葉片上具有紅色葉脈，葉背為紫紅色。本物種性喜散射光環境，但現今已很難尋得其身影。

2 紫葉胡椒
P. porphyrophyllum N.E.Br.
原生地：馬來西亞、菲律賓、婆羅洲

1 假蒟
P. sarmentosum Roxb.
原生地：印度北部至中國南部
及東南亞
本物種特徵為葉片深綠色，具
光澤，葉脈明顯下凹，揉捻
破碎後具香氣。假蒟葉片為
泰國傳統包葉食物面康(Miang
kham) 所用之葉材，亦或是可
添加至菜餚中以去除腥味。

2 長柄胡椒
P. sylvaticum Roxb.
原生地：喜馬拉雅山脈以東之
熱帶及亞熱帶溫帶國家
長柄胡椒為市場上很少見之
胡椒屬物種，其性喜高空氣相
對濕度及散射光源的環境。

3 假蓽拔
P. retrofractum Vahl.
原生地：東南亞
現今已有斑葉種，但通常栽植
久了之後會返祖，葉片會變回
原來的綠色。

4 胡椒屬植物
Piper sp.
為栽培歷史悠久之小型藤本
植物，但不確定其起源於何
處。葉片深綠色，具光澤，栽
培容易，以枝條扦插繁殖，有
時候會出現斑葉之葉片。

羅漢松科
Podocarpaceae

羅漢松科為裸子植物 (Gymnosperms)，約有 20 個屬、190 個物種，分布於亞洲、南美洲及澳洲一帶，大多生長於海拔 600 公尺以上之地區。本科為大型喬木或灌木形態；單葉對生或互生；多為雌雄異株，稀雌雄同株，小孢子囊穗 (雄毬) 及大孢子囊穗 (雌毬) 著生於葉腋處；對應於被子植物果實之種實 (seed-pseudofruit) 呈圓潤核果狀，成熟時為綠色或轉為綠中帶紫色或帶藍色、紫紅色等。有些物種被拿來作為觀賞植物栽培，性喜散射光源及高空氣相對濕度之環境。

羅漢松屬 /*Podocarpus*

屬名源自於 2 個希臘文，分別為 pous 足及 karpos 果實，指本屬植物種實著生於膨大如足部之肉質種托 (receptacle) 上。羅漢松屬有超過 100 個物種，分布於中美洲與南美洲、非洲中部至南部、亞洲及澳洲等地。本屬為喬木或灌木，株高 1-40 公尺；葉片橢圓形或披針形，互生或對生；多為雌雄異株，稀雌雄同株；種實小而圓潤，成熟時為綠色、淺藍色或紫紅色，內含1粒種子，可用於繁殖。本屬植株生長緩慢，在國外許多物種被拿來作為觀賞植物，例如大葉羅漢松 (*P. macrophyllus*)、蓮羅漢松 (*P. nivalis*) 及多穗羅漢松 (*P. salignus*)，有些物種則作為傳統藥草，用於退燒、止咳及治療性病。

多穗羅漢松
Podocarpus polystachyus R.Br. ex Endl.
原生地：東南亞至巴布亞紐幾內亞一帶
多穗羅漢松栽培容易，常作為遮擋視線之綠籬。
性喜冷涼氣候、上午半日照之光線強度。現今
已有斑葉之品種。

竹柏屬 /*Nageia*

　　屬名源自於日文 Nagi，為日文對本屬植物之稱呼。竹柏屬僅有 6 個物種，分布於臺灣、中國、日本、東南亞、印尼摩鹿加群島 (Maluku Islands) 及巴布亞紐幾內亞，為相當常見的觀賞植物之一。本屬為灌木或喬木，葉片對生，無明顯中脈，厚，革質，葉柄短；雌雄異株，小孢子囊穗單生或簇生於葉腋，呈圓柱狀，大孢子囊穗腋生於小枝近先端處；種實圓潤，直徑約 2 公分，成熟時轉為藍紫色或藍黑色，內有種子，可用於繁殖。

肉托竹柏
Nageia wallichiana (C.Presl) Kuntze
原生地：東南亞至巴布亞紐幾內亞
在原生環境中生長於少日照、高空氣相對濕度之熱帶
雨林中。本物種耐陰性佳，適合作為觀賞植物栽培，
有綠葉及斑葉之品種，生長緩慢。

蓼科
Polygonaceae

蓼科為雙子葉植物，英文俗稱為 Buckwheat Family，有 59 個屬、約 1,400 個物種，主要分布溫帶地區，少數生長於熱帶及亞熱帶地區。本科有多年生草本、灌木、喬木及爬藤植物，有些可作為蔬菜、藥材，有些則為雜草。蓼科之特徵為莖節膨大似膝蓋或關節，亦即科名之涵義；花序多為穗狀花序，呈直立或下垂狀；果實為瘦果，內含棕色或黑色之三稜或菱形種子。本科在泰國為人所熟知者為蓼屬 (Polygonum) 植物，分布於一般水域區，而且是作為在地蔬菜食用，其下的海葡萄屬 (Coccoloba) 植物則是常見的觀賞植物，於戶外庭園或室內皆可栽培。

海葡萄屬 /Coccoloba

屬名源自於 2 個希臘文，kokkos 意思為漿果、穀粒、種子，而 lobos 意思為果莢，指本屬果實如葡萄般呈結實纍纍，成熟後呈現鮮紅色。海葡萄屬有將近 180 個物種，分布於北美洲及南美洲熱帶及亞熱帶地區。本屬為喬木、灌木或爬藤植物；單葉互生，具多種葉形，葉柄短；雌雄異株，花序為穗狀花序，小花數量多，白色或綠色；果實為具三稜之圓形，內含三稜種子。

海葡萄屬中常作為室內觀賞植物之物種為海葡萄 (C. uvifera)，另外 2 個由 Surath Vanno 老師引進泰國栽培的物種分別為毛葉海葡萄 (C. pubescens) 及紅花海葡萄 / 皺葉海葡萄 (C. rugosa)，這兩個物種植株高大，葉片呈皺褶狀，直徑可超過 50 公分。

海葡萄
Coccoloba uvifera (L.) L.
原生地：北美洲及南美洲熱帶地區
在野外分布於海邊，因而得名 Sea Grape。海葡萄葉片圓形，質地厚且硬，葉脈淡紅色；果實可食用，味酸，可用於製作果凍。以播種或高壓繁殖，現今已有斑葉之品種可供選擇栽培。

鳳尾蕉科 / 澤米蘇鐵科
Zamiaceae

　　鳳尾蕉科為蘇鐵類植物，本科含有 9 個屬，分布於非洲、澳洲、北美洲及南美洲。鳳尾蕉科物種因為植株體型大，故大多栽植於戶外，但有些屬可作為室內盆栽栽培，例如美葉鳳尾蕉屬 (Zamia)，但須栽培於有日光照射之處，並且要讓植株能獲得充足之日照，偶爾將植株移至戶外透透氣及曬太陽，有助於植物生長。

美葉鳳尾蕉屬 /*Zamia*

　　屬名源自於希臘文 azaniae，意思為松果，指本屬毬果 (cone) 之外形如松果般。美葉鳳尾蕉屬分布於北美洲及南美洲，約有 60 個物種。本屬植物莖部棕色，呈短短的塊狀姿態或明顯突出地表呈圓柱狀姿態，不超過 1 公尺高；葉片為羽狀複葉，葉片長且厚。常以分株或是播種繁殖，現今已育成許多新的雜交品種。美葉鳳尾蕉為栽培容易的觀賞植物，有許多物種可栽培於室內，但須置於陽光穩定、充足之處，其性喜排水良好、不過濕之土壤，因此不應過度澆水。

帝王美葉蘇鐵
Zamia imperialis A.S.Taylor, J.L.Haynes & Holzman
原生地：巴拿馬

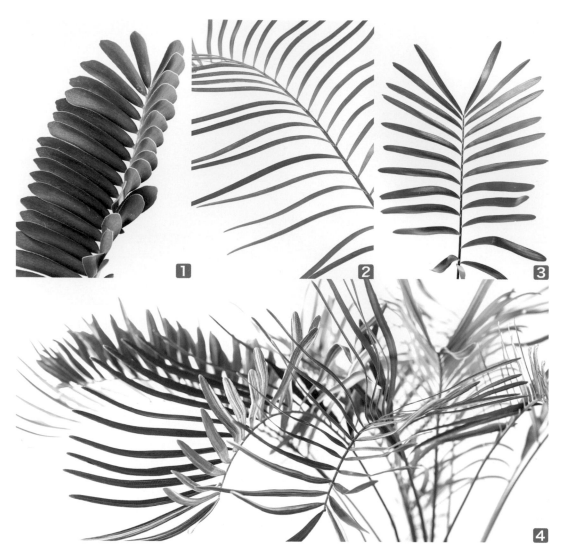

1 美葉鳳尾蕉／美葉蘇鐵
Z. furfuracea L.f. ex Aiton
原生地：古巴、墨西哥

2 狹葉澤米蘇鐵
Z. angustifolia Jacq.
原生地：巴哈馬、古巴

3 矮澤米蘇鐵
Z. pumila L.
原生地：多明尼加、古巴

4 斑葉南美蘇鐵
Z. pumila (Variegated)

1 菱葉鳳尾蕉
Z. fischeri Miq. ex Lem.
原生地：墨西哥

2 斑點鳳尾蕉
Z. variegata Warsz.
原生地：墨西哥、貝里斯、瓜地馬拉、宏都拉斯

本物種葉片為綠色，上點綴著黃色之斑點及斑塊，但每株植物之斑紋多寡不一定，其種名 variegata 意思為不同顏色的，即指其黃色葉斑。斑點鳳尾蕉葉長可長達 3 公尺，《瀕臨絕種野生動植物國際貿易公約》(Convention on International Trade in Endangered Species of Wild Fauna and Flora, CITES) 附錄二中所列之保育物種，在自然界瀕臨絕種，每年野生植株數量持續減少。

真蕨類及擬蕨類植物
Fern and fern allies

　　蕨類植物為人所熟知，因為有許多物種自古即被拿來作為蔬菜及藥草，例如過溝菜蕨 (*Diplazium esculentum*)、南國田字草 (*Marsilea crenata*) 及光葉藤蕨 (*Stenochlaena palustris*) 之嫩葉可作蔬菜食用；而觀音座蓮 (*Angiopteris evecta*) 則被視為幸運植物栽培，亦能作為藥草使用。

　　另外，蕨類植物也是最受歡迎的觀葉植物種類之一，不論是庭園或居家植物都有非常多種類可供選擇，例如鐵角蕨屬 (*Asplenium*)、腎蕨屬 (*Nephrolepis*)、鐵線蕨屬 (*Adiantum*)、槲蕨屬 (*Drynaria*)、鹿角蕨屬 (*Platycerium*) 及星蕨屬 (*Microsorum*) 植物等。一般我們所說的蕨類植物指的是真蕨類，而另一群較為原始的蕨類則被稱為擬蕨類，例如在熱帶庭園中常作為吊盆栽培之松葉蕨屬 (*Psilotum*) 及石杉屬 (*Huperzia*) 植物；而常作為地被栽培之卷柏屬 (*Selaginella*) 植物栽培容易且生性強健，但有些物種不適合種植於庭園中，僅適合栽植於生態玻璃容器中。

鹵蕨屬 /*Acrostichum*

　　鹵蕨屬為鳳尾蕨科 (Pteridaceae) 之蕨類植物，約有 20 個物種，多分布於熱帶地區之河口半鹹水濕地。本屬植物根部粗大；莖幹短；葉片為羽狀複葉，叢生狀，葉面長，小葉厚，呈瘦長狀，孢子葉較一般的營養葉片來得窄，且葉背被覆滿如散沙狀之孢子囊。鹵蕨屬植物常作為庭園水邊之觀賞植物，其生性強健，性喜濕潤環境，生長速度快，在高光或低光、鹽鹼地、半鹹水或乾燥環境皆能生長良好。以孢子繁殖難度低。

鹵蕨
Acrostichum aureum L.
原生地：東南亞
鹵蕨為水生蕨類之一，生長快速，生性強健，嫩芽為淡紅色，
生長繁殖難度低，特別是在濕潤地區。現今已有斑葉品種。

鐵線蕨屬 /*Adiantum*

　　鐵線蕨屬為鐵線蕨科 (Adiantaceae) 之蕨類植物，屬名源自於希臘文，意思為不沾溼的，指本屬植物葉片疏水，不會被水沾濕而保持乾燥狀態。鐵線蕨屬約有 200 個物種，全世界幾乎皆有分布。本屬植物莖部為匍匐狀根莖，被覆有小鱗片；單葉或二至四回羽狀複葉，葉柄為黑色，柔軟堅韌，呈彎曲下垂狀，光滑或具毛。現今作為觀賞植物栽培，發展出許多不同的品系，並且育成外觀新穎、奇特之雜交種，尤其是在鐵線蕨栽培歷史已長達百年之久的歐洲。本屬植物性喜潮濕、烈日不直曬之環境，適合栽培於光線充足的室內或是生態玻璃容器中，若使用多孔隙之石灰岩栽植，應放置於加水之底盤上以提供水分。常以分株或是孢子繁殖。

Adiantum tenerum Sw. 'Lady Moxam'

1 多葉鐵線蕨
A. polyphyllum Willd.
原生地：哥倫比亞至祕魯之熱帶
美洲

2
A. tenerum 'Pacific May'
原生地：澳洲
葉片長，小葉扇型，葉緣深鋸齒
狀，孢子繁殖難度高。性喜冷涼
及穩定潮濕之環境。

3
A. tenerum 'Chicken Skin'
自印尼引進栽培約 6 年，嫩葉為
綠色中帶有淡粉紅色。

4
A. tenerum 'Jamaica'
自印尼引進栽培，外觀與 *A.
tenerum* 'Chicken Skin' 相似，但
葉柄較短、嫩葉為綠色。幾乎不
產生孢子。

5 雜交鐵線蕨
Adiantum hybrid

鐵角蕨屬 /*Asplenium*

鐵角蕨屬為鐵角蕨科 (Aspleniaceae)，屬名源自於希臘文 asplenon，意思為治療脾臟，因為在歷史上古希臘人使用本屬植物來治療脾臟之疾病。鐵角蕨屬植物之孢子葉葉背具有平行排列之孢子囊堆，常見的物種如台灣山蘇花 (*A. nidus*) 及葉片巨大美麗的巨葉山蘇花 (*A. musifolium*)。後來有一些玩家開始對蕨類育種有興趣，認真地將不同的鐵角蕨屬植物雜交，並成功獲得雜交子代，因此市面上有各式各樣外觀新穎奇異之變異鐵角蕨，例如葉片變異為短葉、捲葉，或如同被昆蟲啃食過之皺葉等形狀。

鐵角蕨屬為大型蕨類，莖部為肉質根莖；葉片長，叢生似鳥巢一般，因而又稱為 Bird's Nest Fern，即鳥巢蕨。本屬植物栽培容易，生長快速，生性強健，性喜散射光環境，可種植於陽台或屋簷下陽光可照達之處，如果遮陰過度，葉片會變得細長，造成株形不美觀。隨著株齡增加，植株莖部會增高成樹幹型。以分株或孢子繁殖。

賢三鐵線蕨
Asplenium × *kenzoi* Sa.Kurata
先前被認為是長葉鐵角蕨 (*A. prolongatum*) 及萊氏鐵角蕨 (*A. wrightii*) 之雜交種。但藉由異位酶檢測 (Allozyme)，證實為長葉鐵角蕨 (*A. prolongatum*) 及山蘇花 (*A. antiquum*) 之雜交種。栽培容易，繁殖方式為取下葉片葉片產生之幼株來栽植。

1 雜交斑葉鐵角蕨
Asplenium hybrid (Variegated)
原生地：祕魯

2 雜交斑葉鐵角蕨
Asplenium hybrid (Variegated)

各種雜交及鐵角蕨變異種
Asplenium hybrid (Mutate)

各種雜交及鐵角蕨變異種
Asplenium hybrid (Mutate)

骨碎補屬 /*Davallia*

　　骨碎補屬為骨碎補科 (Davalliaceae) 之附生蕨類，約有 50 個物種。本屬物種具有懸垂至地表之根莖，上被覆有細小之紅褐色鱗片；葉柄長且粗，葉片呈三角形或五角形，3-4 回複葉。骨碎補屬植物常栽培於懸掛吊盆中，或任由其附生於大型植株上。其性喜遮陰環境、排水良好之介質，有些物種在旱季會休眠，然後於雨季時再次長出美麗的葉片。以根莖扦插或是孢子繁殖。

1 斐濟骨碎補
Davallia fijiensis Hook.
原生地：斐濟
栽培歷史已久，但沒有確切之證據。

2 闊葉骨碎補
D. solida (Frost.) Sw.
原生地：中國南部至寮國、越南、柬埔寨、泰國東部及南部至馬來西亞一帶。

星蕨屬 / *Microsorum*

星蕨屬為水龍骨科 (Polypodiaceae) 蕨類植物，屬名源自於希臘文 mikros，意思為小的，而 sorus 則是指孢子囊群。本屬約有 30 個物種，分布於非洲、亞洲及澳洲等地。星蕨屬植物之莖部為匍匐性根莖；單葉，葉片相當厚，全緣，具多種葉形。本屬為附生性蕨類，附生於植物或是岩石上；有些物種於水中生長良好，普遍應用栽植於水族箱中；許多物種廣泛作為觀賞植物栽培，例如魚尾星蕨 (*M. punctatum* 'Grandiceps')、泰國藍星蕨 (*M. thailandicum*)、鱷魚皮星蕨 (*M. musifolium*)，有育成許多不同型態之品種，尤其是葉片先端常呈鹿角狀扁平分岔。星蕨屬植物性喜高濕度、散射光源之環境，容易栽培及繁殖。常以分株或孢子繁殖。

泰國藍星蕨
Microsorum thailandicum Boonkerd & Noot.
原生地：泰國
葉片細長，質地厚且硬，葉色為具藍色反光質感。本物種約於西元 1994 年首次由民眾摘採於恰圖恰市集販售，後來他威薩地‧布克爾 (Thaweesakdi Boonkerd) 博士教授與其他人一起探尋其原生地，於春蓬府 (Chumphon) 石灰岩隙裂地質丘陵上發現泰國藍星蕨之身影，並且在植物學期刊中，和荷蘭植物學家漢斯‧彼得‧諾特博姆 (Hans Peter Nooteboom) 一起發表發表命名。本物種在戶外或室內皆適合栽培，性喜通氣性高、排水性佳，但保濕之栽培介質。

1 暹羅藍星蕨

M. siamensis Boonkerd

原生地：泰國、馬來半島

本物種於西元2000年左右由Poonsak Walcharakorn 先生在耶拉 (Yala) 府石灰岩山上所發現，之後由他威薩地·布克爾 (Thaweesakdi Boonkerd) 博士教授進行在植物學期刊中發表命名，其湯匙狀葉片較泰國藍星蕨 (*M. thailandicum*) 短。暹羅藍星蕨適合栽培於戶外或室內，性喜通氣性及排水性佳，但保濕之栽培介質。

2 魚尾星蕨

M. punctatum (L.) Copel. 'Grandiceps'

1-2
M. punctatum 'Mermaid Tail'

3 矮性星蕨
M. punctatum (Dwarf)

4-5 星蕨突變種
M. punctatum (Mutate)

6 長葉星蕨
M. longissimum Fée
原生地：婆羅洲之砂勞越
(Sarawak)

7 有翅星蕨／三叉葉星蕨／
　鐵皇冠
M. pteropus Copel.
原生地：東南亞
作為盆栽或可用於裝飾水族
造景。

星蕨突變種
M. punctatum (Mutate)

腎蕨屬 /*Nephrolepis*

　　腎蕨屬為腎蕨科 (Lomariopsidaceae) 蕨類植物，約有 20 個物種，分布於東南亞及北美洲、南美洲熱帶地區，英文俗名為 Ladder Fern 或 Sword Fern。本屬特徵為有直立性之短根莖以及細長之走莖，走莖延地表匍匐生長，可長出新的植株；葉片挺立叢生狀，被覆有棕色毛狀鱗片。腎蕨屬植物常常作為庭園觀賞作物，其生長快速且生性強健，可耐高光或低光之環境。繁殖難度低，以分株及孢子繁殖。

窗簾蕨 / 長葉腎蕨
Nephrolepis pendula
葉片可長達 3 公尺之腎蕨物種，葉軸纖細，質地較市場上販售之原始腎蕨柔軟。常以吊盆栽培，觀賞葉片延著盆器懸垂而下之姿態。其栽培容易，若栽培於強光環境中，葉片會變短，葉色偏黃。以分株及孢子繁殖。

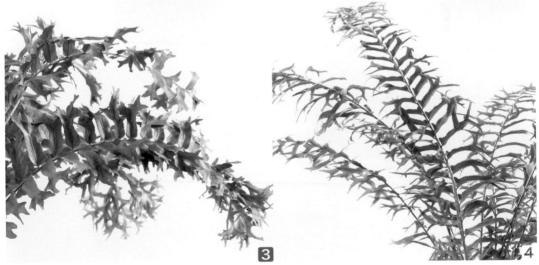

1 腎蕨
N. cordifolia (L.) Presl.
原生地：澳洲、亞洲

3 魚尾腎蕨
N. falcata (Sw.) Schott 'Furcans'
首次於巴布亞紐幾內亞發現，栽培容易，適
合作為觀賞植物。

2 捲葉腎蕨
N. exaltata 'Wagneri'

4 魚尾腎蕨突變種
N. falcata 'Furcans' (Mutate)

波士頓腎蕨

N. exaltata 'Bostoniensis'

波士頓腎蕨為具有優美弧線形葉片之蕨類。有人認為品種名是起因於本蕨類為第一批由費城採集並送往波士頓的野生蕨類中所發現；有人則認為是源自於佛羅里達苗圃的主人約翰·索爾（John Soar）將本蕨類寄給了在波士頓的朋友，但本品種名真正的來源資訊是刊載於西元 1905 年 4 月 15 日 Cambridge Tribune 第 27 卷第 7 期裡一篇 "The Boston Fern" 採訪專文中，該文提及波士頓腎蕨起初是在波士頓 Mr. Fred C. Becker 的苗圃中所生產，園方於西元 1895 年從費城的另一個苗圃訂購了一批 *N. exaltata*，發現其中有一個突變小苗，而將其獨立出來栽培並大量繁殖上市，由於波士頓腎蕨姿態優美、生性強健、價格不貴等特性，很快的受到大眾喜愛，在上市後很長一段時間裡，每年的銷量超過十萬棵，並且至今仍是供不應求。除此之外，在百年多的栽培期間，波士頓腎蕨也突變出非常多不一樣的型態，所以目前極難找到原始的波士頓腎蕨。

N. exaltata 'Bostoniensis Aurea'

性喜相當高光之環境，如果日照不足，其金黃色葉片將轉為偏綠色。

1 斑葉波士頓腎蕨
N. exaltata 'Bostoniensis Variegata'

2 密葉波士頓腎蕨
N. exaltata 'Bostoniensis Compacta'

擬茀蕨屬 /*Phymatosorus*

　　擬茀蕨屬為水龍骨科 (Polypodiaceae) 蕨類植物，屬名源自於希臘文，指本屬之孢子囊呈隆起突出狀。擬茀蕨屬約有 12 個物種，在野外生長於喬木上、峭壁及地面上。本屬植物之莖部為匍匐性根莖，粗大呈圓柱狀，外被覆棕色之鱗片，可匍匐延伸至數公尺長；葉片呈直立狀或些微朝下彎曲姿態，孢子囊群位於葉背，呈圓形，排列於葉片中肋兩側，著生處下陷狀，於葉面多少可見突起。擬茀蕨屬有許多物種被拿來作為庭院觀賞植物，為栽培容易的蕨類植物，應種植於通風良好之環境，其性喜陽光及排水良好之栽培介質。常以分株繁殖，而孢子會自然飄散至其他盆器中。

海岸擬茀蕨
Phymatosorus grossus (Langsd. & Fisch.) Brownlie
原生地：非洲熱帶地區、新喀里多尼亞至澳洲
本物種英文俗名為 Wart Fern，源自於其孢子葉之葉面有隆起的形態特徵。有文獻記載自西元 1910 年代起，海岸擬茀蕨在夏威夷即作為觀賞植物栽培，若將葉片壓碎具有似香草之香氣。本物種生性強健，於室內及戶外皆可栽植，作為切葉之瓶插壽命可長達 2 個星期。

海岸擬茀蕨突變種
P. grossus (Mutate)

石葦屬 /*Pyrrosia*

　　石葦屬為水龍骨科 (Polypodiaceae) 蕨類植物，屬名源自於希臘文 purros，意思為火紅色，指孢子被覆葉片上的顏色。石葦屬有超過 100 個物種，分布於世界各地，大多數物種見於非洲及亞洲地區，生長在枝條或是岩石上。本屬植物根莖呈匍匐橫走狀；單葉，厚，葉表被覆有毛。石葦屬大多為野生蕨類，其中許多物種被引進作為觀賞植物栽培，尤其是具有斑葉或是葉先端分岔為鹿角狀者，而有些物種則可作為中藥。其性喜通風良好之環境及透氣性高但能保濕之栽培介質，常以分株繁殖。

南洋石葦
Pyrrosia longifolia (Burm.f.) Morton
原生地：東南亞
本物種為附生蕨類，葉片厚，質地硬，
葉長可達至 50 公分，葉片形態多樣，
例如有寬葉、葉尖分岔等變異。

1-**2** 鹿角石葦綴化
P. longifolia (Cristata)

4 鹿角石葦突變種
P. longifolia (Mutate)

3 鹿角石葦綴化
P. longifolia (Cristata)

5 鹿角石葦突變種
P. longifolia (Mutate)

卷柏屬 / *Selaginella*

　　卷柏屬為卷柏科 (Selaginellaceae) 植物，與真蕨類親緣關係相近。屬名源自於另一屬植物名稱 selago，意指本屬之外觀形態與其相似。卷柏屬有超過 750 個物種，分布於全世界熱帶地區，有多種生長型態，包含橫向匍匐型、直立型及攀爬型；莖幹或走莖可著生不定根。卷柏屬許多物種顏色特殊，非常美麗，常栽植於盆栽內或作為庭園觀賞植物，例如藤卷柏 (*S. willdenowii*)、紅卷柏 (*S. erythropus*) 及微齒鈍葉卷柏 (*S. ornata*) 等；有些物種外觀迷你且株形有趣，可種植於生態玻璃容器中，但種植環境須適度遮陰，但非過度黑暗。本屬植物性喜涼爽潮濕之環境，好通氣性、保濕性佳，但不過於潮濕之介質。常以扦插繁殖。

斑葉萬年松
S. tamariscina (P.Beauv.) Spring
原生地：中國、臺灣、日本、越南、寮國、印度尼西亞、
及俄羅斯之西伯利亞一帶。
本物種具有粗短之主莖，性喜冷涼氣候。在中國作為緩解
背痛之藥草。

1 卷柏

S. apoda (L.) C.Morren

現今更名為 *Lycopodioides apoda* (L.) Kuntze。

2 紅卷柏

S. erythropus (Mart.) Spring

原生地：中美洲至南美洲

圖片提供：Pavaphon Supanantananont

3 小翠雲草

S. kraussiana (Kuntze)

原生地：加納利群島及非洲東部至南部

圖片提供：Pavaphon Supanantananont

4 *S. cuspidata* (Link) Link

原生地：中美洲至南美洲

現今更名為 *S. pallescens*。

5 微齒鈍葉卷柏

S. ornata Spring

原生地：菲律賓之呂宋島

6 瓦氏卷柏

S. wallichii (Hook. & Grev.) Spring

原生地：泰國南部

7 間型卷柏

S. intermedia

313

松葉蕨屬 /*Psilotum*

　　松葉蕨屬為松葉蕨科 (Psilotaceae) 植物，與真蕨類親緣關係相近。屬名源自於希臘文 psilos，意思為赤裸的，指本屬植物枝條光滑無毛，也有人認為指其孢子囊群著生於枝條末端。松葉蕨屬共有 2 個物種，分別為松葉蕨 (*P. nudum*) 及扁葉松葉蕨 (*P. complanatum*)，零星分布於新世界、亞洲及歐洲西南部等地區，在野外延著地面生長，或附生於樹皮或岩石隙裂地質區。本屬植物為叢生狀姿態，莖幹為菱形，綠色、無葉片，先端為二叉線形分枝；孢子囊球形，黃色。在日本有選育出許多不同的品系，性喜光照，若種植於庭園中，孢子會隨風飄散至鹿角蕨屬、鐵角蕨屬或其他盆栽植物之根部周圍生長。常以分株繁殖。

松葉蕨
Psilotum nudum (L.) Beauvis.
原生地：美洲、日本及澳洲
松葉蕨枝條呈二岔分枝狀，因栽培容易且生性強健，被拿來作為觀賞植物。

光葉藤蕨屬 /*Stenochlaena*

　　光葉藤蕨屬為烏毛蕨科 (Blechnaceae) 蕨類植物，屬名源自於 2 個希臘文，分別為 stenos 窄瘦的，以及 chlaenion 披風或毯子。本屬至少有 6 個物種，分布於亞洲及非洲。光葉藤蕨屬植物之新芽為紅色，成熟葉片厚，葉表平滑具光澤，孢子葉較一般的營養葉片小，隨植株成熟而呈蔓生狀姿態，會攀附於大型喬木或附近物體生長。光葉藤蕨屬植物之幼葉可食用，於泰國及馬來西亞被作為與辣醬或沾醬搭配之蔬菜；在菲律賓常將葉柄編織為籃子或其他編織製品。栽培者稀少，但為相當優良的庭園或盆栽觀賞植物，性喜高空氣相對濕度，耐陰及潮溼環境。

光葉藤蕨
Stenochlaena palustris (Burm.f.) Bedd.
原生地：東南亞紅樹林溼地地區

●附錄。觀葉植物特搜 - 購買·交流·佈置

栽培討論 / 心得交流 ▶ 觀葉植物種類繁多，脾性不盡相同，有任何疑問趕快問問社群裡的同好！

胖胖樹的熱帶雨林	ⓕ https://www.facebook.com/fatfattree
春及殿 Primavera	ⓕ https://www.facebook.com/palace.spring
植子	ⓕ https://www.facebook.com/leaf886/
雙十蕨	ⓕ https://www.facebook.com/ 雙十蕨 -907156559441495/
觀葉植物迷交流站	ⓕ https://www.facebook.com/groups/houseplant
Taiwan 雨林探險家	ⓕ https://www.facebook.com/groups/1269945719788442/
鹿角蕨秘境 Platycerium Uncharted	ⓕ https://www.facebook.com/groups/1432250410354854/

觀葉植物購買特搜 ▶ 觀葉植物永遠少一盆？網路賣家的大門 24 小時開放，趕快滑滑看有沒有新貨吧！

蕨的想買就買	ⓕ https://www.facebook.com/Lovejjcome 🛒 https://jambolive.tv/pay/shop/9549/
龜背芋與她們的產地	ⓕ https://www.facebook.com/thir13enFarm
Taiwan Orchid&Fern 植物選貨	ⓕ https://www.facebook.com/pingorchid/
蕨對好種	ⓕ https://www.facebook.com/oakplant
蕨晴谷	ⓕ https://www.facebook.com/groups/958052937639489/
樹園藝 植物專賣店	ⓕ https://www.facebook.com/tree33113611
植男手記	ⓕ https://www.facebook.com/plantsmannote
懶生活園藝植作	ⓕ https://www.facebook.com/groups/1432250410354854/
宅栽	ⓕ https://www.facebook.com/ 宅栽 -548711105217630/ 🅢 https://shopee.tw/flychenjack01
阿金的便秘花園 〔A-Jin's Secret Garden〕	ⓕ https://www.facebook.com/AJINSGARDEN/ 🛒 https://secret-garden.waca.ec/ 🅢 https://shopee.tw/william0207

觀葉植物佈置靈感 ▶ 家裡的植物越來越多，欣賞 IG 佈置美圖，讓心愛的盆栽也能在自己家中華麗演出。

shiwustudio_plantlife	📷 https://www.instagram.com/shiwustudio_plantlife/
mypeacefulmoment	📷 https://www.instagram.com/mypeacefulmoment/
chingwenloveplants	📷 https://www.instagram.com/chingwenloveplants/
habitpattern.sf	📷 https://www.instagram.com/habitpattern.sf/
homewithkelsey	📷 https://www.instagram.com/homewithkelsey/
andtheirplantstories	📷 https://www.instagram.com/andtheirplantstories/

索引

317